图书馆精选文丛

美的人生观

张竞生 著 张培忠 辑

Copyright © 2021 by SDX Joint Publishing Company.
All Rights Reserved.
本作品版权由生活·读书·新知三联书店所有。
未经许可，不得翻印。

图书在版编目（CIP）数据

美的人生观 / 张竞生著；张培忠辑. —北京：生活·读书·新知三联书店，2021.1
（图书馆精选文丛）
ISBN 978 – 7 – 108 – 07005 – 0

Ⅰ.①美… Ⅱ.①张… ②张… Ⅲ.①美学 – 文集
Ⅳ.① B83-53

中国版本图书馆 CIP 数据核字（2020）第 219553 号

责任编辑	徐国强
装帧设计	刘 洋
责任印制	肖洁茹
出版发行	生活·讀書·新知 三联书店
	（北京市东城区美术馆东街 22 号 100010）
网　址	www.sdxjpc.com
经　销	新华书店
印　刷	北京市松源印刷有限公司
版　次	2021 年 1 月北京第 1 版
	2021 年 1 月北京第 1 次印刷
开　本	880 毫米 × 1230 毫米　1/32　印张 15.875
印　数	0,001 – 6,000 册
定　价	49.00 元

（印装查询：01064002715；邮购查询：01084010542）

代序：

论美治主义

张培忠

在 20 世纪中国美学史上，有一位曾经与王国维、蔡元培、梁启超、鲁迅等人齐名，却长期被冷落、遭歧视的重要美学家，他就是北京大学教授、哲学博士张竞生。

张竞生既是美学家，又是哲学家，他的哲学观也就是他的美学观。他的美学的核心理念是美治主义，他的美学的核心内容是人生的美和社会的美。为阐述他的美学理念，他撰写了两部重要著作《美的人生观》和《美的社会组织法》。

美治主义是张竞生的原创概念，也是张竞生对 20 世纪中国美学界的重要贡献。那么，张竞生是如何构建这一独特的美学理论体系的呢？还是让我们穿越时间隧道，回到历史现场去作一番全面而深入的考察吧。

1924年3月8日，张竞生在北京大学发起组织成立"审美学社"。在成立学社的启事中，张竞生以横扫千军的气势写道："我国这样的社会丑极臭极了！我人生活无聊极和痛苦极了！物质与精神都无新建设，腐败的旧势力还是依然膨胀！挂招牌的新文化呢，也不过一些委靡不振的中国式人生观，和那滑头滑脑的欧美式学说，一齐来欺骗诱惑我们可爱的青年！我们极不愿使这些怪现象继续生存下去，遂想建立这个'审美学社'。一面，注重'美的人生观'，一面，编辑有系统的'美的学说'和提倡各种'美的生活'。希望把研究所得者发为专刊，悬为标准，不但以此为我人创造上组织上理想之模范，并且靠它做我人最切实、最高尚、最美趣的行为之指南。"在逐项分析"美的人生观"、"美的学说"、"美的生活"的主要内涵、重要价值和研究项目后,张竞生着重指出:"美的人生观,是高出于一切的人生观。美的学说与美的生活,是超出于一切别的学说与别的生活。世界人类皆当以这些美的观念与事实为生存。尤其是我们中国人更要以这些美的观念与事实,改变我们那样丑的臭的人心,与腐烂的将归于淘汰的社会。假使我们肯实在地把这些美的观念和事实研究与实行起来,自然于个人上享受无穷的美趣,于学说上得到创造的功能,于社会上有了系统的组织。"

这个启事,是张竞生研究美学的总纲,也是他考察人生与社会的初步心得。两个月后,他的第一项研究成果——《美的人生观》出版了。此前,北京学界曾发起一场引起社会广泛关注的"科学与玄学"论战。这场论战是由张君劢在《清华周刊》发表长文《人生观》而引发的,该文的主旨是提倡抽象的唯心主义人生观,反对现代科学。丁文江奋起反击,发表《玄学与科学》,提出欧洲的破产是不是科学的责任、科学的方法是否有益于人生观等问题,此后,又陆续发表《科学与玄学——答张君劢》、《玄学与科学的讨论的余兴》等长文驳斥张君劢。梁启超、任鸿隽、胡适、孙伏园、张东荪、吴稚晖、陈独秀等纷纷著文参加论战。张君劢是张竞生在法国留学的同学,当年他还专门向张竞生请教过如何研究哲学的问题,此次论战,张竞生正值陷身爱情定则讨论的漩涡,根本无法顾及于此。但张竞生对这个问题是十分关注的,他在等待时机,以他的方式来参与。这次《美的人生观》出版,在《北京大学日刊》刊出的新书广告写道,此书"对于近来甚嚣尘上的人生观问题独有精到的见解",他以整本的著作来解剖和回答关系重大的人生观问题。

从1921年到1926年,张竞生在北京大学任教长达六年,所开的最重要的一门课是"行为论"(伦理学旧称),其研究也最为深入、最为系统。在"审美丛书"的总题目下面,张竞生有一个庞大的著述计划,将刊行六种书,一是《行为论采用"状态主义"吗?》,阐述行为论与状态主义的异同;二是《行为论的传统学说》,阐明传统学说之不足倚靠;三是《行为论与风俗学》,研究风俗学与行为论之间的相互关系。这三种书是属于"批评与破坏之性质"的,还有三种书是"为建设与实行上的研究"的。这三种书是:《从人类生命、历史及社会进化上看出美的实现之步骤》、《美的人生观》、《美的社会组织法》。

张竞生正当壮年,雄心勃勃,学术上又渊源有自,厚积薄发。但由于种种原因,"审美丛书"最终只出版了《美的人生观》和《美的社会组织法》两种书。作为两部重要的美学著作,《美的人生观》和《美的社会组织法》出版后,立即受到读者的广泛欢迎,其中《美的人生观》在短短两年内,重印七次,成为名动一时的畅销书。而正是这两部书,开创了中国现代美学史上的重要流派,奠定了张竞生在中国现代美学史上的重要地位。

中国现代美学的源头在王国维和蔡元培。王国维第一个构建了美学本体论,提出了美学意境说,使美学学科在现代中国得以真正确立。蔡元培第一个提出"以美育代宗教",并以国之祭酒教育总长的身份亲自推动和贯彻"五育并举"的新的教育方针,即实行军国民主义教育、实利主义教育、公民道德教育、世界观教育及美感教育,使美育由精英阶层彻底走向了普罗大众。因此,在打造新的学科范型、搭建新的理论大厦中,王国维、蔡元培的作用不可替代,功劳不可湮没。

作为美学家,张竞生当然首先从理论上构建其美学体系。他的核心理念就是美治主义,即以美的原则规划人生和治理社会。为此,他独创了"美治"的概念,这是与史前的"鬼治"、传统的"德治"和现代的"法治"相对应的天才创造。他认为,纵观人类社会,不同的社会形态,统治者有着不同的统治方式,史前社会民智未开,科学技术不发达,人对大自然存着一份敬畏之心,不得不借助于鬼神观念和巫术活动来共治社会,故称之为

"鬼治"；在漫长的封建社会，封建统治者标榜"圣朝以孝治天下"，强调德化，提倡以德来治理社会，称为"德治"；到了近现代社会，无论是西方国家，还是东方国家，都依靠法律与制度来约束和规范人的行为，这就是民主政治和法治社会，其核心就是"法治"。然而，在张竞生看来，无论是鬼治、德治还是法治，都是俱往矣的过去式，未来真正的进化的社会，必定是"美治"，即以美的理念来治理社会。鬼治可以吓无知的初民，但不能适用于近世；德治可以教化人心，但无法有效地管理社会；法治可以约束工业的人民，却妨碍聪明人的自由发展。只有提倡美治主义，奉行美治精神，实施美治政策，才能使人民得到衣食住充分的需求，使他们得到种种物质与精神上的最大满足，从而真正做到以人为本，实现社会和谐。

当然，这个美治的社会所有机关皆以"广义的美"为目的。张竞生所谓"广义的美"，是指包括了历史进化、社会组织、人生观创造，凡此种种皆以这个广义的美为根据，为依归。这样，美就成为人类的最高理想，美学也成为涵括一切学问的最高学问。张竞生在对他所研究的美学范畴作出明确界定后，又进一步指出："故我主张美的，广义的美的，这个广义的美，一面即是善的、真的综合物；一面又是超于善，超于真。……大美不讲小善与小真；大美，即是大善，大真，故美能统摄善与真，而善与真必要以美为根底而后可。"强调着眼于广义的美，强调真善美的统一，强调物质精神的统一，这是张竞生美学体系的理论基础，也是其哲学基础。

然而，从实践的层面较为系统而全面地思考美育问题，并提出具体方略的，张竞生要比王国维、蔡元培做得更多，走得更远。与其他的美学家不同，张竞生不去抽象地谈论美的定义、美的起源、美的本质、美的特征等纯粹的理论问题，他更重视实证性研究，更注重具体问题的有效解决。这样，生命主体、实践理性和效益观念就成为张竞生美学体系的另一个鲜明特征。以此为依托，张竞生把个人和社会作为他审美观照的对象，在美治主义的理论框架之下，指导个人发展的有"美的人生观"，协调社会事业的有"美的社会组织法"，张竞生正是以这两大体系为基石，构建起独特的被遮蔽了八十年而又在新世纪逐渐浮出水面的美学大厦。

　　人生观是怎样的呢？在张竞生看来，是美的。这是张竞生对纷扰多时的"人生观论战"的回答，而且他还充满自信地认为，他所提出的"美的人生观"是一切人生观中最正确最高妙的，其所以高出于一切人生观的缘故，在能于丑恶的物质生活上，求出一种美妙有趣的作用；又能于疲弱的精神生活中，得到一个刚毅活泼的心思。针对科玄之争，张竞生单刀直入地指出，它不是狭义的科学人生观，也不是孔家道释的人生观，更不是那些神秘式的诗家、宗教及直觉派等的人生观。它是一个科学与哲学组合而成的人生观，它是生命所需要的一种有规则、有目的、有创造的人生观。

张竞生认为，美的人生观不是一个虚幻的概念，乃是实在的系统。它以生命为本体，包括衣食住、体育、职业、科学、艺术、性育、娱乐七项，它是一种人造品，带有强烈的主观色彩，只要人们按照美的规律、以美为标准去创造，就能随时随地，随事随物，均可得到美的实现。在这里，张竞生强调了生命主体在美的创造中的主观能动性。在服装方面，张竞生提出了变服主张，对改易西装与改良中装提出了具体要求。张竞生改易西装的基本依据和评判标准是"最经济、最卫生、最合用、最美趣"，分别包含了服装美学、卫生学、人体美学的意义与指标，由此阐发而来的"实用、美观、经济"原则长期以来被国内服装教科书奉为设计经典。而改良中装的标准是"使骨骼的美处能够表现出去"，弱化"藏形"、"掩形"的传统思想，强调以服装来烘托人体的美，以达到异性之间互相吸引的目的，进而实现张竞生所欣赏的以提升性的质量来改善人种的目的。在吃饭方面，张竞生宣称创造美的饮食，乃是创造美的生命最紧要的原料，提出应学习西方人的分餐制，以改变中国人既不卫生，又易造成抢食肉菜的同桌共食的毛病；同时倡导吸味与吸气相结合，并在一定时期完全不用外食，仅靠极微的身内热力生存，而获得精神上的极大愉悦的"内食法"，强调"内食法"是美的食法的真髓，是养生的最好方法，是把物质创造为精神上的最好技术。在居住方面，张竞生认为"造屋要完全合于经济、卫生、合用与美趣的四个意义"，并具体提出应将北京的四合院改为半圆式的"北房化"，以使空气流通，光线充足，让居住者得到以"天地为庐"、与"万物为友"的自然美的陶冶。

张竞生认为，美的人生观的另一个特征是能量扩张。他以江河取譬，说明美源于生命，开始其"能力"极其渺小，但经过环境"物力"同化后，积蓄为"储力"，再外化为"现力"，也称作"扩张力"。这种人类扩张力共有五种，起于职业、科学、艺术，次为性育与娱乐，第三为美的思想，第四为情、知、志的发展，最后则是宇宙观。它们构成了美的扩张力，张竞生分别从存在上的扩张、心理上的扩张和宇宙上的扩张分别详加论列。

从存在上的扩张来说，包括了职业、科学、艺术、性育和娱乐等项。职业、科学、艺术，通常被视为三个独立的社会生活领域，张竞生则从美育角度出发，强调三者应是密不可分的，即职业要做到科学化、艺术化；科学要做到职业化、艺术化；艺术要做到职业化、科学化。性也是一种储力，若不用出，必在身内乱撞混闹，而排泄的方法自然以娱乐的方法为最佳，同时也可向职业、科学、艺术的方向转化。他还提出"工作即娱乐，娱乐即工作；行为即娱乐，娱乐即行为"、"一个工程师，应是一个审美的工程师"、"种田，也要种出审美的境界"，把主体的存在提升到美的境界来认识和把握。

从心理上的扩张来说，包括了美的思想和情、知、志的发展，主要为极端的情感、极端的智慧、极端的志愿。张竞生认为人的本性是极端的，是伟大的，是天真烂漫，浩然巍然的。凡能发挥这个极端的本性，便能得到英雄的本色、名士的襟怀、豪杰的心胸与伟大的人格。这种极端最为美趣，能把唯我扩张到忘我，又能把忘我归结于唯我之中。这中间，体现了尼采的权力意志，也洋溢着庄周的哲学意味，贯注着张竞生独异的美学光彩。

从宇宙上的扩张来说，张竞生提出可分为"美间"、"美流"、"美力"三个方面，这是既大又新的美学问题，需要人们去拓展、创造和享用。"美间"是就空间而言，包括"择境"、"择时"、"数理"的眼光、"艺术"的眼光等。"择境"就是选取最好的景象去观赏；"择时"就是选取最好的时间去观赏。它们都能收到普通观景所达不到的效果。"数理"的眼光可以让人领悟无穷大深微的道理，"唯有数理才能给我们无穷大，无穷小，无穷尽各种观念的妙趣"，以理性的力量观察世界、把握世界,给予人们的是获得自我肯定的超越"小我"的精神之美;"艺术"的眼光则是感性的、想象的、情感的,需要一种艺术的修养才能领略到。张竞生主张用科学的和艺术的两种眼光去欣赏美,这与近代西方美学将审美的眼光仅归属于艺术是有所不同的。张竞生甚至认为爱因斯坦的物理学理论有助于人们对自然美的欣赏,他是中国美学史上最早肯定有科学美存在的学者(《20世纪中国美学本体论问题》,陈望衡著,武汉大学出版社,2007年,第145页)。"美流"是一种精神力经过心理的作用而发展于外的一种现象,柏格森叫做"生命流",张竞生则命名为"美流"。它包括"空间的时间"和"心理的时间",在审美过程中,因环境与心境的不同而产生不同的情感状态,类似于爱因斯坦的相对论理论。"美流"的作用,就在于极端去发展情感、智慧、志愿,消弭时间的观念,接通过去与未来,使人们不觉一切的痛苦而使其常有"现在长存"的快乐。"美力"是一种物力,包括自然力、心理力、社会力。比如智慧的领悟，也是一种美力的追索与探求，苦苦思考之后，忽然间灵境出现，灵脑想到，灵眼觑见，灵手捉住，灵笔写出。妙文天成，自然于聚精会神中不觉其苦而觉其乐。像"美间"、"美流"、"美力"等概念的提出，既新颖别致，又耐人寻味。

张竞生还强调美以"用最少的力量而收最多的功效"为大纲，体现了美的经济原则。为了达到"一切之美皆是最经济的物"，张竞生提出了"创造的方法"和"组织的方法"。所谓创造的方法，即在创造一些最经济最美妙的吸收与用途的方法，使生命扩张力不至丝毫乱用，并且使用得最有效力；所谓组织的方法，即在如何组织环境的物力与生命的储力达到一个最协调的工作，并使储力如何才能得到一个最美满的分量。传统的美学观都将超功利性视为美的最重要属性，无论是康德、叔本华、尼采，还是王国维、蔡元培、梁启超，均作如是观，唯独张竞生大异其趣。毫无疑问，美是一种价值，在价值的选择和评估中，不仅映射出对象，而且映射出主体本身。汉字是象形文字，"羊大为美"，就"美"字的来源而言，本身就凝聚了我国先人对所谓美的价值取向，具有强烈的功利色彩与实用价值。张竞生认为美应具有最大的功利性，"救济贫穷莫善于美，提高富强也莫善于美"，这与远古先人的审美理想如出一辙。他虽有强烈的西化色彩，但在这个问题上却与传统更加接近。同时，张竞生还认为，美不仅于物质的创造上得到最经济的利益而已，它对于精神上的创造更能得到最刚毅的美德。唯有美，始能使人格高尚，情感热烈，志愿坚忍与宏大。这个观点则引梁启超、蔡元培为同调，他们都主张用美育的手段去改良社会、培植高尚人格。而实际上，这也是一种美的实用属性。张竞生把科学、经济学的原则引入到美学的领域，具有强烈的现代意识与浓厚的理性精神，这是他区别于其他美学家最显著的特色之一。

美，无处不在；美，无所不包。面对求知的学生和研究的伙伴,张竞生说:"美一而已,而美的现象可以千变而不穷。善审美者能在千万变不穷的美象中,而求得美的一贯的系统,故他能于衣、食、住、身体、职业、科学、艺术和性育、娱乐和思想上及心理上与宇宙观各种事情中领略各个的美丽与一贯的作用。"

细如电子尘埃,大如银河世界,都是美考察的对象。宇宙一切事物都是美的,人生观必定同时也是美的。如果说《美的人生观》立足点是个人,讨论的是人的生存方式的美;那么,《美的社会组织法》的立足点则是社会,讨论的是社会的组织结构的美。张竞生认为,组织为人类及社会最高的进程,美的社会组织包括社会职业分工、社会信仰崇拜、国家职能部门设置以及实施美治政策管理等。他知道,他所设计的是一个完美的而在现今社会上不易实现的空想的"理想国",然而,他又是豁达的,"倘若此书长此终古作为乌托邦的后继呢,则我也不枉悔,……读者看此书为最切实用的社会书也可，或看为最虚无的小说书也无不可，横竖，我写我心中所希望的社会就是了"。

写出心中的社会，知其不可而为之。这就是张竞生的性格，也是张竞生的抱负。

张竞生的政治设计是建立"美的政府"，实行美治政策，以美的原则治国理政和进行国际交流。国家的最高权力机构是"爱美院"，"爱美院"由全国各地经过平等竞赛后选出的"五后"（即女性的美的后、艺术的后、慈善的后、才能的后、勤务的后）、"八王"（即男子的美王、艺术王、学问王、慈善王、勤务王、技能王、冒险王、大力王）组成。政府行政机构分为国势部、工程部、教育与艺术部、游艺部、纠仪部、交际部、实业与理财部、交通与游历部八个部。政府首脑及所辖八部均需对"爱美院"负责，"爱美院"有弹劾政府官员的权力，以此来保证"美的政府"职能的实行。

张竞生从"美治主义"的理念出发，论述了政府八部各自的职能。国势部的职能，是培育美好的国民，制造佳男美女。下设"官媒局"、"避孕局"和"国医局"，分别承担国民结婚时身体检查与婚姻介绍、结婚后的避孕管理及国民的疾病治疗，保证人口的健康等职责。教育与艺术部的职能，是在学校的各科教育中贯彻艺术的方法，督促实施情感教育、性教育等，以培养学生的创造才能与健全人格；负责对社会的各行各业进行艺术教育，使一切国民皆成为有艺术性的工程师和办事人。游艺部的职能，是主管赛会、庆典，为不同年龄段的人举办各种娱乐活动等，以培养人们健美的情趣。纠仪部的职能，是制定和主管婚丧嫁娶、宴客聚会时的各种礼仪，以消除粗俗与丑陋的言行。交际部的职能，是主持办好国内的"交友节"，并设法加强与世界各国人民之间的情感交流，以便使天下的一切人都成为朋友。至于如工程部、实业与理财部、交通与游历部等实际功能较强的机构，在具体工作中，也都要首先从美的工程观、美的实业观、美的理财观、美的交通观、美的游历观等美趣出发，以人为本，精于谋划，使人们能够获得更多的审美享受。

为了督促"美的政府"各部官员真心办事、为民效力，张竞生别出心裁地设计了对政府的监督功能：每年的国庆日庆典上，自总统、国务员以及现任的一切官员，都要身穿极朴素的佣人衣服，以公仆的样子，站立在一个极狭隘的棚中，恭敬地接受坐在对面一座极华丽的厅上身穿大礼服的人民代表的评判和训告。人民代表分坐三排，每排约十人，先由左排代表发言："公仆！你们一年来所做甲事乙事等等确实不错，我们代表国民，到来感谢。"继而由右排的代表发言："公仆！你们一年来所做丙事丁事等等实在不对，我们代表国民特来责备。"然后由中排的代表宣布："公仆，方才二代表所说甚是，我们国民希望你们从今日起，努力向善，补救过失。明年此日，你们如有成绩，才来此地再会，若不争气，请速引退，免受国民的惩罚，勉哉公仆！"最后，由大总统代表公仆团向人民代表团行三鞠躬礼,并致答词:"高贵的主人啊!承示训饬,敢不敬命,从兹努力,无负重托。"

打破一个旧世界,建设一个新世界,这是多少仁人志士的梦想。张竞生以美治主义为核心,设计了他理想中的人生与社会,创造了一个"美的乌托邦"。也许由张竞生编码的这套"美的政府"的政治程序始终无法激活和运行,但他的民本思想、创新精神、赤子情怀,都将随着时代的进步,不断闪烁着动人的光彩。

2008 年 7 月 13 日
定稿于中国羊城梅花村

目 录

代序:论美治主义　张培忠　‖　1

美的人生观

序　‖　3

导言　‖　12

第一章　‖　24

　　总论　‖　24

　　第一节　美的衣食住(附坟墓和道路)　‖　27

　　第二节　美的体育　‖　63

　　第三节　美的职业、美的科学、美的艺术　‖　82

　　第四节　美的性育、美的娱乐　‖　100

第二章 ‖ 126

  总论 ‖ 126

  第一节　美的思想 ‖ 132

  第二节　极端的情感、极端的智慧、极端的

     志愿 ‖ 181

  第三节　美的宇宙观(美间、美流、美力) ‖ 199

结论 ‖ 221

美的社会组织法

导言 ‖ 230

第一章　情爱与美趣的社会 ‖ 236

  一、使女子担任各种美趣的事业 ‖ 239

  二、情人制 ‖ 252

  三、外婚制 ‖ 260

  四、新女性中心论 ‖ 272

  附:中国妇女眼前问题 ‖ 282

第二章　爱与美的信仰和崇拜 ‖ 288

一、纪念庙 ‖ 291

二、合葬制 ‖ 299

三、诸种赛会 ‖ 303

四、情人的信仰和崇拜 ‖ 316

附:美的国庆节 ‖ 323

第三章　美治政策 ‖ 330

一、国势部的组织法与其政策的大纲 ‖ 331

二、工程部——美的北京 ‖ 347

三、教育与艺术部 ‖ 359

四、游艺部 ‖ 382

五、纠仪部 ‖ 393

六、交际部 ‖ 412

七、实业与理财部 ‖ 425

八、交通与游历部 ‖ 435

九、结论——情人政治 ‖ 446

附:组织全国旅行团计划书 ‖ 448

第四章　极端公道与极端自由的组织法 ‖ 152

一、共法与互约 ‖ 454

二、共需与各产 ‖ 458

三、共权与分能 ‖ 458

四、共情与专智 ‖ 460

结论 ‖ *468*

一、独立人 ‖ 468

二、合作社 ‖ 471

三、教育权独立 ‖ 475

四、情感的国际派 ‖ 477

美的人生观

《美的人生观》是张竞生极有代表性的专著,是他在北京大学担任哲学教授时自己撰写的讲义。1924年5月印成讲义时即受到周作人等的评论,在1925年到1927年间重印7次。本书依照北京大学印刷课1925年5月第1版单行本。当时该单行本署名为国立北京大学教授哲学博士张竞生。

集合国内外对于生活、情感、艺术及自然的一切美，具有兴趣和有心得者成了这部"审美丛书"。（一）希望以"艺术方法"提高科学方法及哲学方法的作用；（二）希望以"美治主义"为社会一切事业组织上的根本政策；（三）希望以"美的人生观"救治了那些丑陋与卑劣的人生观。希望无穷尽，工作勿许辍，前途虽辽远，成功或可期。Labor omnia vincit improbus.

（本丛书预拟出版好些书。这本《美的人生观》就是它先锋队中的一走卒。）

序

本书仅印成为北京大学讲义时，已承受了许多的批评与赞同。其中有批评与赞同并行者，应推周作人先生为代表。

周先生在《晨报副刊》八月二十七号内标题为《沟沿通信之二》中说及：

> 前几天从友人处借来一册张竞生教授著《美的人生观》，下半卷讲深微的学理，我们门外汉不很懂得，上半卷具体的叙说美的生活，看了却觉得很有趣味。张先生的著作上所最可佩服的是他的大胆，在中国这病理的道学

社会里高揭美的衣食住以至娱乐的旗帜,大声叱咤,这是何等痛快的事。但是有些地方未免太玄学的,如"内食法"已有李溶君批评过,可以不说,我所觉得古怪的是"美的性育"项下的"神交法"。张先生说,"性育的真义不在其泄精而在其发泄人身内无穷的情愫。"这是他所以提倡神交的理由,其实这种思想"古已有之"。《素女经》述彭祖之言曰:"夫精出则身体怠倦,耳苦嘈嘈,目苦欲眠,喉咽干枯,骨节解堕,虽复暂快,终于不乐也。"《楼炭经》云:"夜摩天上,喜相抱持,或但执手,而为究竟",进至他化自在天则"但闻语声,或闻香气,即为究竟"。把这两段话连起来,就可以作张先生的主张的注解。神交法中的"意通"是他化天的办法,"情玩"是夜摩天的,即使降而为形交也当为忉利天的,再其次才是人的。这是张先生所定的两性关系的等级,在我看来那"天"的办法总是太玄虚一点了。"意通"倒还有实行的可能，但也要以"人"的关系为基本，而多求精神上的愉快，"忉利天"法可以制育助成之，唯独"情玩"一种，终不免是悠谬的方法。张先生的意思是要使男女不及于乱而能得到性欲的满足。这或者有两种好处：在执持"奴要嫁"的贞操观的顽愚的社会，只以为"乱"才是性行为的社会看去，这倒是一个保存"清白身"的妙法，大可采用；在如张先生明白亲吻抱腰也是性行为的表现的人们，则可借此以得满足，而免于"耳苦嘈嘈"之无聊。然而其实也有坏处，决不可以轻易看过。这种"情玩"，在性的病理学上称为"触觉色情"（tactile eroticism），与异性狎戏，使性的器官长久兴奋而不能得究竟的满足，其结果养成种种疾病，据医学博士达耳美著《恋爱》（B. S. Tamey: *Love*, 1916）中病理篇第十六章"无感觉"所说，有许多炎症悉自此起，而性神经衰弱尤为主要的结果。美的生活当然又应当是健全的，所以关于这种"神交法"觉得大有可以商量的余地，比"内食法"虽未必更玄学的，却也是同样的非科学的了。

张先生主张制育专用 douche，也不很妥当。斯妥布思女士在《贤明的父母》（Marie Stopes：*Wise Parenthood*，1918）中竭力反对这个方法，以为不但于生理上有害，于美感上尤有损害（详见 48 至 49 页），这也是讲美的生活的人所不可轻忽的。我不想在这里来讨论制育当用什么方法，只因见得张先生所主张的方法与他的尚美精神相反，顺便说及罢了。

总之张先生这部书很值得一读，里边含有不少很好的意思，文章上又时时看出著者的诗人的天分，使我们读了觉得痛快，但因此也不免生出小毛病来，如上面所说的那几点大约就因此而起……

由上文看来，周先生对我书赞同处多于批评，不才如余，应当如何"受宠若惊"，安敢再来吮笔弄舌。不过既承了周先生的盛意指导，我又不敢自安于缄默了。周先生引《素女经》……云云为我神交法的注解，我实在不敢当。我所主张的性欲不是"天"也不是"人"，乃是在"天人"之间！我于一切美的观念都是看灵肉并重的，凡偏重灵或肉一端的，就不免与我意见上有些差参。例如重视肉一方面的人，遇了与异性狎戏时，难免如周先生所说的犯起"触觉色情"的毛病。但能由肉中领略灵的滋味，当然不至于如此狼狈。好比人们日常玩赏了一幅美丽裸体画，断不会因此而起性官的兴奋。若由此而得色狂病者大都误看做"春宫图"的缘故。我所谓"情玩法"者乃望与异性狎戏时有如鉴赏美图画一样，这才是由肉得灵的妙法。若见了异性而起"触觉色情"的毛病，乃是由肉得肉的笨伯，当然不是我所主张的"神交法"了。

其次，周先生引斯妥布思反对 douche（即射精后用水洗膣法)。谓这个方法"不但于生理上有害,于美感上尤有损害"。这个方法好或坏应由医学及经验上去解决,原不能依我和斯女士个人的意见为标准。就我所知的渗用药料的 douche 若常用之固有妨碍。但我所说的是仅用温水的 douche,医者告我是极好不过的。若就经验方面论,法国女子大多数用这方法,其结果尚未见得生理及美感有损害的地方。以我国今日女子终身未尝用 douche 说,若肯采用此法,必使性官倍加灵动与多得美感。(或说用海绵阻蔽子宫口,于射精后尽可听其存在,俟明晨起身时才洗净,比射精后即用水较免费神。但此法常使精虫有侵入子宫的危险。)

以上二端的申明,非敢有意来强辩。我自知我的科学观常不是与世俗所说的相同。但我极喜欢说科学。凡我所说的科学苟无特别的解释时,当然与世俗所说的同具一样的意义。但当我用了特别见解时,如"内食法"的举例,我既然声明"这个固然不是普通所谓的食",那么这个"食"的定义,当然不是与世人所说的从口内送食物到胃中的食法一样了。我所主张的内食法乃是根据人们假使"一息尚存",则其身中总要些许热力的消费,这个身中热力的消费,即我所谓的"内食",譬如蛤蟆及许多动物于冬天藏穴时的消费其身中脂肪质一样,这岂有丝毫的神秘?说至此,我不能不带说及李溶君对我的批评完全误会了(见《晨报副刊》七月五号,题目是《批评张竞生先生〈美的人生观〉》)。

李君说因"注意集中"而忘食,这不是内食,我则说因"注意集中"而忘食的为世俗的食法,但其身中种种热力的消费,不是因注意集中而失其作用,这正证明这个内食法确有根据了。他如"吸味与吸气法"与"极端的情感"等说,都当照我特别的解释上去讨论,不能以通俗的科学观念为标准;更不可任意就我文中断章取义以相难,须要从我整个意思上去着眼才对,故最好莫如请读者细看我的原文。

我由此不免再来说几句话了。我自知我所提倡的不是纯粹的科学方法，也不是纯粹的哲学方法，乃是科学方法与哲学方法组合而成的"艺术方法"。凡不以艺术方法的眼光看我书者，自然于许多地方难免误会我所用的方法为"非科学"与"非哲学"的了。这个误会的发生，其咎当然全在我：一因我的才力不及，以致所谈的艺术方法，有时不免变成为"非科非哲"的方法了；一因我在书中并无特别声明我所用的为艺术方法。现为补救这些缺憾起见，在此版上重新加入"美的思想"一节，其中专门讨论艺术方法是什么，并使人知我此书上所用的科学方法与哲学方法乃是艺术方法化的科学观与哲学观。我现极明了人们如单独采用纯粹的科学方法或纯粹的哲学方法断不能得到高深美满的学问，必须要艺术方法化的科学观与哲学观，然后科学方法才不流于呆板，而哲学方法才不流于虚渺。这个艺术方法当然比科学方法或哲学方法更艰难。现在国人对于科学观念与哲学观念已极浅尝，仅仅是提倡科学方法者已足使人惊为新奇而得享大名了。至于哲学方法的提倡可惜举国中尚未见有专家。今我一跳而来提倡艺术方法，自知结果必定是"曲高和寡"。但我为提高我人思想的程度起见，不能因寡和而遂不敢唱高调！

末了，我极感谢周作人先生公正的批评。希望他人也如周先生的公平态度来批评批评，以便此书再版时的讨论与订正。

导　言

我于"行为论"（旧称为伦理学）上将刊行六种书：一为《行为论采用"状态主义"吗?》（状态主义，英名 behaviorism，人常译成"行为主义"者），希望在这书上解释行为论与状态主义的异同在何处；第二书是《行为论的传统学说》，于此中说明传统学说之不足倚靠；其第三书《行为论与风俗学》，则在研究风俗学和行为论互相关系之各种理由。这三本书既属于批评与破坏之性质，自然不能以此为满足。我于是再进而为建设与实行上的研究，后列三书即是其媒介：(1)《从人类生命、历史及社会进化上看出美的实现之步骤》；(2)《美的社会组织法》；（3）《美的人生观》。美之一字，在此做广义解，凡历史进化、社会组织、人生观创造，皆以这个广义的美为目的，为根据，为依归。以美为线索，可知上列三书本是一气衔接不能分开的。现在姑为阅者及印刷便当起见，暂各为单行本，而我先将《美的人生观》一书问世。

人生观是什么？我敢说是美的。这个美的人生观，所以高出于一切人生观的缘故，在能于丑恶的物质生活上，求出一种美妙有趣的作用；又能于疲弱的精神生活中，得到一个刚毅活泼的心思。它不是狭义的科学人生观，也不是孔家道释的人生观，更不是那些神秘式的诗家、宗教及直觉派等的人生观。它是一个科学与哲学组合而成的人生观，它是生活所需要的一种有规则、有目的、有创造的人生观。

生命的发展，好似一条长江大河。河的发源虽极渺小，一经长途汇集许多支流之后，遂成为一整个的浩荡河形。生命发源于两个细胞，其"能力"

（energy）本来也是极渺小的，得了环境的"物力"而同化为它的能力后，极事积蓄为生命的"储力"，同时它又亟亟地向外发展为扩张之"现力"。就其储力与现力的"总和"计量起来，当与生命所吸收的物力"总量"相等。生命的力不能从无而有之原理，当与物理学的"能量常存不增不减"之原则相符合，一切关于生命神秘的学说，自然可以不攻自破了。

但由储力而变为现力（扩张力）时，则因各人的生理与心理运用上不相同，遂生出了彼此极大的差异。例如：有些人的储力，除了作为体温上燃烧料外别无他用（一班终日坐食无事的闲人）；有些人则仅用为性欲的消费（妓女和嫖客等）。他如工人腕力、信差脚力、艺术家学问家的心力脑力，比较上算是能善用其力之人了。可是，古今来善用其能力者，莫如组织家与创造人。彼等的生理，好似一个"理想机器"的构造：只要有一点极微细的热力，就能发生许多有用的动力。彼等心灵的运用，有如名将的指挥，能以少许胜多许；有如国手的筹划，只用一着，则全盘局势占了优胜的地位。就不知利用能力的人看来，以为组织家和创造人的思想与作为，不是人间所能有，好似天上飞来者，实则彼等与普通人不同处，仅在善用其能力与不能善用之间而已。

储力贵在善于吸收，扩张力贵在善于发展，故我们得了培养与扩张生命能力的方法约有二端：（一）求怎样能养成一种最好的生命储力，使发展为最有效用的扩张力；并且使这个扩张力得到"用最少的力量而收最多的功效"的成绩。（二）使环境如何才能供给这个扩张力一个最顺利的机会和最丰足与最协调的材料。前者，属于"创造的方法"，即在创造一些最经济、最美妙的吸收与用途的方法，使生命扩张力不至有丝毫乱用，并且使用得最有效力。后者，则为"组织的方法"，即在如何组织环境的物力与生命的储力达到一个最协调的工作，并使储力如何才能得到一个最美满的分量。

可是，创造与组织，必要以"美的人生观"为目的，才能达到组织与创造的真义与最完善的成绩。以美的人生观为目的而组织成一切物质为美化的作用，则物质至此对于精神上的发展始有充分的裨益。别一方面，以美的人生观为目的而去创造精神的作用为美化的生活，然后我人一切生活上才有无穷尽的兴趣。

这本书上所要说的与别书不同处，就在希望能够供给阅者一些创造与组织的好方法和一个美的人生观的真意义。现在国人对于创造和组织的常识已极缺乏，对于创造和组织的真义当然更不知道。至于人生观一名词虽成为时髦语，究竟，能了解人生观的人则极少数，能了解美的人生观敢说更是"凤毛麟角"了。

美的人生观不是一个虚幻的概念，乃有它实在的系统。今就其系统的横面排列起来则有八项如下：

美的衣食住、美的体育、美的职业、美的科学、美的艺术、美的性育、美的娱乐、美的人生观。

但就其系统的直竖说，即是从其整个看来，则可写成为下表：

在这个表上是指明衣食住、体育、职业、科学、艺术、性育、娱乐七项，不外是用来创造与组织这个整个的美的人生观的一种材料，而美的人生观，乃这七项共同奔赴的独一无二之目的。以下这本书所论列的，第一章是把这七项对于美的研究上用了"分析"的功夫。至于美的人生观一项，乃有"综合"的作用，所以留在第二章去讨论。原来分析与综合虽是互相关系与均为造成一个整个的学问不可少之方法。但必分析的先行成立，而后综合的才能奏效。故就研究的方法上说，我们免不了暂时把这个整个的美的人生观拆做前后二段。若就其学理上说，我们看这前后二段的底里意义仍然是一个整个。

先就第一章分析的方法上说，我们见出一切之美皆具有"科学性"，并且是"人造品"之物。美是具有科学性的，所以有一定的大纲可为标准。故凡依住这个科学大纲去创造者，则所得之美当然不会鬼怪离奇致蹈前人之以缠足为美鸦片为乐等覆辙。别一方面，美是人造品的，只要我人以美为标准去创造，则随时，随地，随事，随物，均可得到美的实现。凡真能求美之人，即在目前，即在自身，即一切家常日用的物品，以至一举一动之微，都能得到美趣。并且，凡能领略人造美的人，自然能扩张这个美趣，去领略那无穷大和变化不尽的"自然美"。因为自然美之所以美，不在自然上的本身,乃在我人看它做一种人造美,与我们美感上有关系,然后自然美才有了一种意义,由此我们可以知道缺乏人造美的观念之农人樵夫与一切普通人,何以同时也不能领略自然美的理由了。至于那些破落户的诗人和玄学派,及枯槁无生趣的宗教家,忘却人造美的作用,只会从虚空荒渺处去描拟想象,这些人最是与美趣无缘分者!他如一班狭义的科学家仅知科学是实用,不但他们是科学的门外汉,尤其是美的科学的大罪人!

于讨论第一章美的意义从分析方面研究后,我们在第二章上对于美的研究,另外抱别个方法,即是看美的作用为综合的与哲学的物。就综合说,美的人生观是整个的不可分析的。一切的美自衣食住、体育、职业,以至科学、艺术、性育、娱乐等,都是综合起来组成为这个整个的美的人生观用的。这七项上分析起来,虽各有部分的美之价值,但总不如组合起来为更有效用。其次,就哲学说,美不止是整个,并且是有系统的。以美的人生观为中心点而组成为美的系统。因有系统，所以能把好些零碎的分析的各种美综合起来为整个美的作用。故就整个说，缺一部分固不完全，但若无系统，虽有整个，也不成美。必要有系统的美，然后对于一切美，才能有条而不紊与取多而用宏。必要有系统的整个的美，然后对于美的作用才能用力少而收效大。

从综合上哲学上看起来，美更是"人造品"之物呢。因为由综合与哲学而造成为有系统与整个的美，全是我人自身上的事。不用外假，我们自己自能创造美的情感、志愿、知识与行为；我们自己就是情感派、聪明人、志愿家及审美者、创造人！可是在这层上，所谓"人造美"的意义与第一章的不相同。第一章的人造美是科学的创造，即是把环境一切之物，创造成为一种美的实现。第二章的人造美是哲学的创造，乃在创造我们心理与行为上整个的美之作用。但这二个"人造美"乃是互相关系，互相促进，以成我们科学的和哲学的美的人生观者。

进一步说,科学方法与哲学方法不过是一种工具而已,人们得到这些工具后,须另出心裁求些比此更好的工具——这即是"艺术方法"的作用——然后总能够组织和创造美的人生观。艺术方法,一面是科学与哲学二方法组合上的产生物,一面又是他俩的先容者,这个方法的重要,使我们在此书中不得不特别去注意它。

人间与宇宙间之美不一而足,全凭我人去创造去享用。我们对于美的责任在使人间与宇宙间的现象皆变为"美间"的色彩,在使普通的"时间"变为我人心理上的"美流",在使一切之物力,变为最有效用的"美力",这些大而且新的问题,皆是我们在此书上所亟要研究的。

在此结束上,我应连带声明者:美以"用力少而收效大"为大纲,由是我们得到一切之美皆是最经济的物,不是如常人所误会的一种奢华品啊。例如:我在下文将指出衣食住的创造法,若以美为标准，其费用当比普通的衣食住更便宜。再以美的体育说，不用些少费，而能于快乐中得到康健的身体和敏捷的精神，这样的经济更不待言，至于职业和科学等，若采用美的方法则用力少而出息多，且其出息皆大有裨益于美的人生观。故我敢说：救济贫穷莫善于美，提高富强也莫善于美。

但美不仅于物质的创造上得到最经济的利益而已。它对于精神上的创造更能得到最刚毅的美德。惟有美，始能使人格高尚，情感热烈，志愿坚忍与宏大。惟有丑，才是身体疲弱，精神衰颓与人格堕落的主因。一切疲弱衰颓的状态乃是丑的结果，一切刚毅勇敢的德性，才是美的产儿，凡知道美与刚毅互相关系的真义者，当然不敢以小白脸、吊膀子等丑恶的行为，假借这个神圣的美之名目去招摇！故我们在本书所要提倡的美的艺术、性育、娱乐及人生观等不是我国现在靡靡然的艺术、禽兽式的性育、下等的娱乐与无聊赖无目的之人生观，乃在要求得一个能提高性格的新艺术,一个得到情感安慰的性育法,一个具有种种美趣的娱乐,一个性格刚毅、志愿宏大、智慧灵敏、心境愉快的人生观。

第一章

总　论

美是无间于物质与精神之区别的。"物质美"与"精神美"彼此中具有相当的价值：一个美的女儿身与一个神女的华丽同样地可爱惜；一种美的服装与一种云霓的色彩同样地可宝贵。人类对于美的满足，不在纯粹的精神美的领略，也不在纯粹的物质美的实受，乃在精神美与物质美两者组成的"混合体"上。当其美化时，物质中含有精神，精神中含有物质。例如：夜梦与神女交，虽在这个不可捉摸的幻象，觉得真有这件事一样，此时此境，梦中有真，灵中有肉，精神中已含有物质了。又如赤裸裸美的人身，当其互相接触到极热烈时，觉得真中有梦，并且觉得愈"梦境化"愈快乐，在此情境上，肉中有灵，物质中已含有精神的作用了。（如《西厢记》："今夜和谐，犹是疑猜，露滴香埃，风静闲阶，月射书斋，云锁阳台，审视明白，只疑是昨夜梦中来，愁无奈。"）

就美的观念看起来，灵肉不但是一致，并且是互相而至的因果。无肉即无灵，有灵也有肉。鄙视肉而重灵的固是梦吃，重肉而轻视灵的也属滑稽。因以美化为作用，则物质的必定精神化，而肉的必定灵化，故人们所接触的肉，自然无些"土气息、泥滋味"，而有无穷的美趣与无限的愉快了。就别面说，一切既美化了，则精神的不怕变为物质，而灵的不怕变为肉。不但不怕，并且要精神的确确切切变为物质，灵的显显现现变成为肉，然后灵的始无空拟虚描的幻象，而精神上才有切实的慰藉。

明白上头这个理由,就可知道我们为什么对于美的系统上,要看美的衣食住、美的体育、美的性育等与美的艺术及美的人生观等一律地均有同样价值的主张了。总之,我们视物质美与精神美不是分开的,乃是拼做一个,即是从一个美中在两面观察上的不同而已。并且我们要把世俗所说的物质观看做精神观,又要把世人所说的精神观看做物质观。换句话说:在世人所谓肉的,在我们则看做灵;在他们所谓灵的,在我们反看做肉。实则,我们眼中并无所谓肉,更无所谓灵,只有一个美而已。

就美的性质上说,彼此分子虽无轻重之分别,但就系统的排列上说,其次序确有先后之不同。以美的衣食住为生命储力的起始,故列在前头。以美的性育与娱乐为生命发展的依归,故放在后面。以美的人生观一项为一切美的总结束,故留在最后层去讨论。至于美的体育,当后于美的衣食住而成立。有此二项在前,而后美的职业与科学才有托足,由是而有美的艺术、性育及娱乐等的作用。现就此章所研究的系统次序排列如下：

（一）美的衣食住（附坟墓和道路）

（二）美的体育

（三）美的职业

（四）美的科学

（五）美的艺术

（六）美的性育

（七）美的娱乐

第一节　美的衣食住（附坟墓和道路）

在本节上对于美的衣食住及道路所要提倡的大纲，是使生命的储力的吸收与发展上怎样得到一个"用力少而收效大"的成绩。其大纲的细目则有四项如下：（一）最经济，（二）最卫生，（三）最合用，（四）最美趣。可惜人类自知创造衣食住及道路以来，或全未合这些意义的，或仅合了第一个而未合乎第二个，或合乎第三第四的，则遗忘了第一第二。现在我们若以美的人生观为目的，以用力少而收效大为大纲,去创造衣食住与道路,当能达到这四个细目的真义。容我先说衣服,次及饮食,后为居住及道路。

一、衣服

衣服不是如世人所说为遮"羞耻"用的。试看现在尚有许多民族裸体游行毫不为羞。虽在文明的地方尚有利用裸体为表示他们美丽的身材者:希腊裸体雕刻、近世裸体图画以及欧美妇女大开胸式的服装,皆是表明衣服不是穿来做"礼教"用,也不是穿来做偶像用的证据。

究竟,穿衣服的真意义是什么?我想第一是因有些地方寒冷,不能不穿衣服以御寒取暖。第二,则因男子的阳具在半身间突出得太难看和举动不便当,女子的阴具如遇经期或有病时流出那些不雅观的脏水,所以这二部分的地方,须用一些物遮蔽,这是用一部分衣服的起点与因由。到了今日另有许多民族虽满身赤裸裸,独对于阴阳具上尚须遮蔽,就是这个缘故。第三，是因有些人的身体长得太丑恶了，不得不用衣服去遮掩假饰。第四，在稍文明的社会，则有纯粹以衣服为美饰品者，今举其二项如下：（1）以衣服的装饰与做法不同为阶级上辨别的记号，如贵族与平民，男人与女子的服装不相同之类；（2）纯粹以美为观念，如近代欧美的女子，冬天或穿极薄的丝袜，夏日反戴毛领巾之类。就以上说来，除了第一项穿衣服乃为需要所迫外，余的多是为美丽而穿的了。这些都是证明衣服不是为"遮羞掩耻"的最好凭据。

依随各人与各民族的经济、卫生、应用和审美各种观念的不同，遂造出了极繁杂的衣服式样。我们若把古今东西的衣装聚合一室看起来，其离奇古怪与五光十彩处，必能与一切禽兽的皮毛和昆虫的色彩互相辉映。在此层上，极易见出人类的创造力，不会比自然的创造力输却许多。也可见出"人造美"是补助"自然美"的不足了。但因向来无一个"科学的与美的服装"做标准，以致大部分人类的衣服不是有碍于身体的发展，便是有碍于美丽的观瞻。我国现在通行的服装都犯了这些毛病！

中国老病夫的状态不一而足，而服装是此中病态最显现的一个象征。男的长衣马褂、大鼻鞋、尖头帽，终合成了一种带水拖泥蹩步滑头的腐败样子。至于女子的身材本极短小，而其服装分为上衣下裙（或裤），每因做法不好，以致上衣下裙不相联属，遂把一个短身材竟分成为头部、衣部、裙部及鞋部四小部落了！在夏天时，因服装少而不齐，令人望去好似一张"皮的影戏人子"，身上现出片片补接的痕迹。若在冬季，因其多穿，又因其做法与配置不好，竟把一个身子变成大冬瓜了，这是通常我国女装的坏处。若论儿童的装束，都是照成年一样，三两岁小孩就成了"老成人"的怪状。把一个活泼泼的生机被服装所摧残殆尽，这个更堪注意去改良的！

民国改元，仅改了一面国旗和一条辫。其紧要的服装仍然如旧，这个是民国的一大失败。论理，改易心理难，改易外貌易。若能把这个病态的丑恶的服装改变，自然可以逐渐推及于精神上的改良。但我不是主张如从前易朝时必改服的那样无理胡闹（袁世凯时代的制服就是无理胡闹）。我所要改易的新装当按上头所说的四个细目——最经济、最卫生、最合用、最美趣——为标准。现先说男装应该改良的是什么？

现时习尚的男子开领西装，费用太大，而且嫌于矫揉造作，也未尝见得美。穿者不过看做"奇异与贵族式"罢了。所以我主张不可采用这样西装。我人应当采用"漂亮的学生装"（又名操衣服，或名军人装，即扣领上衣与操裤，冷时加外套。所谓漂亮的学生装，即是质料精美，颜色鲜明，做得整齐，穿得讲究，保持得洁净。若能如此，学生装束自然是极好看了。我国学生装与日本装都极粗恶，而西洋军人装则极悦目，就是在做法与穿法上不同的缘故）。男鞋当用皮做，其头不可过细。帽当略如哥萨克式或土耳其形,取其高以衬高我人的矮身材(最好于腰带上佩短剑以壮观瞻)。如是,则前时拖长衣的病夫状态,当一变而为雄赳赳的伟丈夫了。这样男装就是合于美的标准。因为它是"人的服装"。因为这样装束能显出男子汉的仪容,能使穿者有活泼的气象与振作的态度。其他如保持体温的卫生,行动做事便捷了当,以及免如长衣多费一半无用的布与易带土泥易肮脏的那样不经济,其种种利益更不必再去详说了。

原来衣服不单是为壮观瞻用的,并能使穿什么衣服的人,就养成什么姿态。例如穿缎鞋(或布鞋)惯了的人,脚力就不免轻浮,行路就成了拖沓,支撑身态终不能得到正直与稳固。我国人多曲背弯腰虽有种种因缘,而与穿缎鞋必有些关系。若推而论全部的服装与身体的养成,其关系上当然更大。一个中国小孩穿起长衣马褂与中国鞋,俨然就现出了一个腐败的老大国人身材:背不免弯斜了,手不免直垂了,行起路来就不免带摆又拐了。可怜的几岁小孩,其天然直竖的骨骼已不免逐渐为衣服的格式所改变了!故现在"小孩装"最当参酌采用欧美式:短裤露膝与宽博的短衣,务使小孩举动活泼,及生机上有发展的可能。并且希望男小孩装扮得雄赳赳,女小孩穿成娇滴滴,彼此上又均当养成爱美,喜欢清洁与整致的嗜好。

  我国女装的改良比较男装的更为重要,大概我们女装的不美处:第一,误认衣服为"礼教"之用,不敢开胸,不肯露肘,又极残忍的把奶部压下;第二,做法不好,致上衣下裙不相连接;第三,内衣裤的装束不良;第四,无审美的观念,颜色配置上多不相宜。现当从这些缺点上去改良。我以为当参用我国古女装及西洋妇女装的长处而去其短。其最简便、最卫生、最窈窕袅娜与活泼中而又庄重者,莫如于身内穿一"衣裳连合"的内衣(如图1)。冷时或穿较温暖的质料及无开胸有短袖的"衣裳连合"的内衣(如图2)。在此"衣裳连合"的内衣外,在家或出外会客时则穿我国的"改良的古装"。（古女装极有雅趣，我现在不必把古装的做法详详细细描写于此。"改良的古装"，即是不用穿了袄后又穿褂与裙，只要穿一袄就够了。并且

图1

图2

祆的做法须要妥帖身体，使骨骼的美处能够表现出去，而祆外束一花样宫绦带，以显示一种风韵态度。又改良的古装，祆的长度仅够遮住"衣裳连合"的内衣末处即足，脚上穿长袜隐约间可以见。祆袖不必过长且不可宽。这就是我对于古装改良上大略的叙述。）若出外做事或旅行时则穿最简便的洋女装（略如图3与图4），加以帽（如图5）。寒时于"衣裳连合"的内衣之内加穿衬衫与衬裤外或穿卫生衣服等，外出时于外衣上加外套。我主张采用最简便的洋女装，因其费省而窈窕。至于繁重的洋女装，其件数过复杂，其做法过苛求。我们可不必去学它。

总之要求女装的美丽，须当留意下列诸事：

（一）于"衣裳连合"的内衣外，应加上一条环束腰背的围带（略如图6），以保护腹背的温度又使腹部不膨胀（不是束细腰），使腰背不弯曲与支托乳部不下坠为目的。我在此应当提出一个极紧

图 3　　　　　　　图 4

要的事，即是"束奶帕"及为此目的的各种束缚物，都是应该废除。我常说，不知何时这个反自然、不卫生、无美术的束奶头勾当，始与小脚、细腰及扁头诸恶俗同行抛弃！女子有大奶部，原本自然，何必害羞。况且奶头耸起于胸前，确是女子一种美象的表征。因为女子臀部广大，奶头在上胸突出，正是使上下前后的身段得了平衡的姿势。我国女子因为束奶的缘故，以至于行动时不免生了臀部拖后，胸部扯前的倾斜状态，这不独不美观，并且极不卫生。故现在女装的改良，于如何解放胸前及支托乳部的问题极占重要的位置。

（二）我前已说我国女子身材短小窈窕，当穿古装与长衣装以烘托身材苗条和袅娜的姿态了。但长衣装的做法，当然不可如现在满洲妇人及北京女子所穿的一样，应该做得有韵致，又不可过长，腰间须有微束的姿势，胸间或开或不开，但当使颈部显出，免有"缩龟头"的丑态！

（三）女子穿裤极不雅观，这个或者因女子是奴隶须做工，所以演用这样便于工作的服制也未可知。至于妓女因其衣短裤窄以便显出屁股与阴户的私处，使人或者于隐约间触起性欲以达伊们"吊膀子"的目的。现在我们家庭的女子，既不用做苦工，又不想做妓女，自然无穿外裤之必要。如要穿衬裤时，则当采用图7的款式，使裤长仅及膝，与裤底务极宽舒为要。（洋妇内裤常是"无底"者，以便于大小便及免却阴户的摩擦，因其内裙长且窄，故其间温度也保得住。）

（四）女帽应当用布或缎与纱为材料。因我们女子面细身小，所以帽的形式不可如洋妇的宽大。最好是略如洋女子的睡帽（略如图5），帽上与衣上能时插生花更好，或用假花也可。又依上头所说

图5

图6

图7

的新服式,则颈上必露出,如遇要掩饰时当用丝和纱等为颈带的围巾,极不必演用皮领巾的野蛮装束。至于女鞋在家内当用绣鞋,出外做事时,或用皮鞋。绣鞋的美丽处,当然不是皮鞋所能及。可惜现在新女子喜用皮鞋,男子反喜用缎鞋,相换起来才好。(绣鞋通常做得不好,当改为洋女皮鞋一样做法。)

(五)女子衣服的美丽处,尤其在颜色的配置上(男子的本也当如此)。洁白的内衣配上粉红的外衣,深黑色的长袜,玲珑的彩帽与后跟稍高的绣鞋,这样自然是极美丽了。或则里红外白,上黑下紫,或则蓝衣黑袜,粉帽白鞋,总期淡妆浓抹都饶雅致为贵。并且女装不一定从"优美"处着手,风韵固是极紧要的,但刚强的态度也不可少,这个应当从"壮美"的形式及装置上表示出来。读了《红楼梦》的人,谁不喜欢尤三姐"脱了大衣服,松松地挽个髻儿,身上只穿着大红袄儿,半掩半开,故意露出葱绿抹胸一痕雪脯,底下绿裤红鞋鲜艳夺目"这个浪漫中兼带豪爽的装束呢？又谁不喜欢史湘云这个"小子的样儿"装束呢？"只见她（湘云）里头穿着一件半新的靠色三镶领袖秋香色盘金五色绣龙窄褙小袖掩襟银鼠短袄，里面短短的一件水红妆缎狐肷褶子，腰里紧紧束着一条蝴蝶结子长穗五色宫绦。脚下也穿着鹿皮小靴，越显得蜂腰猿背，鹤势螂形。"

（六）"花辫"的采用，使正服上倍加出色。它不但本质美，并使衣服于淡素中显出风雅的韵致。有钱者当多用花辫饰衣服，这个是"艺术实用化"上最大的成绩。

在上头对于男女装及小孩装大略研究之后，我们再应留意者则为内衣与寝衣。我国人对于内衣多是束缚，肮脏，不合用，不好看。寝衣一层竟无其物。实则内衣比外衣关系更大，因外衣终不如内衣与身体上有许多直接的关系。至于寝衣，为我们终夜的贴身伴侣，其影响于身体更巨。总之，要使皮肤免刺激，身体得卫生，当要内衣与寝衣做得合用，好看，质料又要软柔。凡美与快乐，一边，为他人；一边，更是为自己的。内衣与寝衣都为自己用的，做内衣与寝衣应该比外衣更加讲究才对！（此外或用布巾，或用纸巾，以包口唾及拭鼻水之用。这个不是小事。我以为无论如何穿得好看，若随便吐口水与挥鼻涕，便是丑态，便失人格，便不是人的所为！）

衣服做法本是专门技术。我们在上所论列的不过从其大纲处略为讨论而已。私心所最期望者将来由许多衣服店或各人就上所说的服装大纲上去改善改良，又望把它普及起来，可以得到我们下头的四项成绩：

（甲）最省费的。（1）新式的装束因其做法好，善于保存体温，自然不用穿了许多件；（2）因其便捷无拖沓，不易肮脏与损坏；（3）其质料与裁做的价钱，若与同样的材料的旧装相比较当不会昂贵。我曾在北京"女高师"演讲时论及这层的女装改良法，有些女生说这样的裁缝费极贵，普通人不易办到。其实现在的成衣匠看这样的女装为贵族品的点缀，自然抬价极高。但在后日这样女装普及起来，其价钱则极便宜。例如以上图说，在巴黎买，其图1与图2的"衣裳连合"的内衣不过各二三元，其图3与图4的外衣不过各五六元，连做费与普通的洋布价在内。若我国的男女装用爱国布做，不过三四元即可得一套外衣服，其用清河呢的当在十元左右而已（我已与成衣匠实地谈过，其价钱确是此数）。

（乙）这样新装是最卫生的。质料的选择得宜——内衣和暖，外衣坚韧——与做法的合度，自能使体温上达到一个最适当的发展与保存，可免有过寒过热的毛病。

（丙）这个又是最合用的服装——内外衣服紧接一气，上下帽袜互相调和，休息与劳动上均有充分的便当。

（丁）末了，它是最具有美趣的服装。凡衣服做法，颜色配置，及花辫装饰，都是以美为标准，自然逸趣横生，准能得到美感上满足的要求。

在这服装问题讨论终止时，我们应当知道衣服的真使命有二事：其一，衣服纯为美观用的，俗说"三分人才七分打扮"，凡中等人材都可装成"美人"似的。因衣服美而使人材美，因人材美而使社会上生出许多你喜我欢的爱情，发展许多热烈的生气。故美的衣服的大用处，不但为体温，不但为穿者舒服与快乐，也是社交上最重要的条件与发生爱情上不可少的要素。其二，衣服为保存体温，这是人所知道的。但如何使体温上仅发出最少的分量，就能抵御外边冷气或热气的侵犯，这是更为紧要的问题。照新服装的方法做就能解决这个问题。它能节省体温的热力为别种气力，用如思想、动作、用功、玩耍等，使我们对于气力可以省却无谓的消费而得到有用的效果（热带及寒带的人民，因体温耗费的缘故，遂使思想等力量减少。思想、动作、用功、玩耍等皆不过一种体温的变化）。如体温不乱费，则饮食分量可以节省，这个效用也有二：其一，因节省食量免却消化部的许多劳动，身体上可以去做别种有利益的工作（诸君也知不消化病的痛苦哪）！其二，因少食，我人可免为食物之负累去做许多纯为"糊口"的无聊工作及凶恶的行为（现时大多数的工人纯为衣食问题忍受牛马般的工作。至于贪贿的人与打劫贼，及一切社会罪恶，也都是为衣食问题而起的）！

二、饮食

饮食一道与身体的关系比衣服更为重要。生命储力都从饮食而来。一切欲望多为饮食而起。不得食的好处，则由食物而传入身内各种病菌，使我人的形骸憔悴精神颓丧，以至于疾病痛苦衰老死亡。若得了食的妙法，则由食物而变为身内最多的热力，由热力而变为我人的思想、情感、志愿、玩耍及动作等的作用。故我们可说：食是生命的根源，生命是食的结果。故创造美的饮食，乃是创造美的生命最紧要的原料。

创造美的饮食与创造美的衣服一样。以"用力少而收效大"为大纲，以最经济、最卫生、最合用、最美趣四项为细目。现在把饮食分为质料、做法、食法三端，以求达到这个大纲与那些细目的要求。

（甲）以质料说，应把一切饮食物分为"正粮"、"副粮"及"饮料"与"附属品"四类。依各地方之不同而定麦或米，或粱、黍、稷、番薯等为正粮。豆、粉、鱼、肉、菜蔬、水果及糖等为副粮。乳、茶、咖啡、汽水等为饮料。酒和烟卷等为食物的附属品。

第一，我们最紧要的问题，在使副粮代替正粮。以每日三餐说，早晨为饮料，午用正粮，晚是副粮，则前时每日用三次正粮者，现仅用一次。方今我国正粮的米麦极缺乏，每年由外洋运入者已达几千万担。这样不但财源外溢，并且接济不及，而有绝粮之虑。若把前时每日需三次正粮者，改为一次，则个人上的经济极合算，而地方上于正粮有储蓄的可能，以免遇歉收时即呈饥荒的险象。副粮除肉类为贵族品且极有害外,余的价钱都极便宜。且其味美,滋养料足,又极美观。以豆类说,如豆腐、豆乳在我国中已极通用。前时素食家几靠它为独一的菜料。水果一物取为做汤做饼与布丁等其用尤大。我曾在德国住一人家,数人以苹果切片后和面与糖做成的浓汤为晚餐独一的粮食。赤澄澄的苹果,粉红色的面汤,极美观,并且口味好,又极卫生极便宜。我常想在南方的屋边种上许多香蕉树,其香蕉可以生食,又可以和粉做饼,味道香美无伦,外国菜列为珍品。若于晚餐用了数个香蕉饼,滋养已足,既果腹又易消化,于极便宜上得了珍馐的幸福。北方的枣也可生食与熟用。院子与屋边栽培极多的枣树,于住宅极美观,于卫生极有益,又可以为食品用,所谓一举而数利兼收。(阿拉伯人以枣为在沙漠旅行上独一需要的干粮,非洲人又有以香蕉为独一的食品者,这二物的滋养料极富饶,以香蕉说,每三蕉已抵得一个鸡子,每人日食九个蕉,即此,营养料已充足。)

鱼类为副粮中的佳品，产鱼之地，晚餐以鱼为主料，并不见多费。至于菜蔬一类，美同花卉；味至清鲜，也当常用。此外，又当特别提倡我国人最不识利用而在副粮中为最重要的糖类。糖价虽贵但少用即足。它是极能助长气力的。当人极困惫或用力后疲惰，以少许糖和茶饮后即恢复元气，糖有烟酒的功能而无其弊害，我曾研究得生物中惟"食糖类"的动物为最聪明，如糖蚁、蜜蜂之类。在人类中，文明人比野蛮人用糖独多。又糖与粉面等，和合后做成各种美丽的点心，为普通人的食物外，特别又为小孩及老年的嗜好品。所以点心在副粮出产品中占极重要的位置。

晚餐副粮的采用，不但是省却正粮，并且可多得口味。日日三餐都是一样物，何等讨厌。若三餐不同物，则一日中可得三味的调换，自然胃道大开食欲奋进了。并且，每因晚间多食不消化之物以致病，若用副粮，自可避免。除了各人所需要滋养料的一定食量外，实在不可多食。多食则变为脂肪质的肥肉，于身体上极有妨碍，常至于伤生而不能长命。故我人当养成少食的好习惯。晚餐少食的英国人其体魄常比晚餐多食的法国人更康健。

饮食多半是出于习惯的。朝食本可废止，或不得已而代为饮料。上午多用功者当食稍浓的食物如牛乳，或牛乳掺可可之类。无事的人用茶即足，稍和以奶与些糖减少茶的刺激性，并且可得些滋养料与提神的功效。咖啡极兴奋，但用些以提神也极有益。至于汽水、冰淇淋等于热带及暑天极当采用。总之，我想晨间仅用饮料即足，而饮料中以牛乳为最有益。乳有除杀身中病菌的功能，凡要长寿及美貌者不可不多用。

（乙）为达到食物美化上的目的，故食品于选择质料外，又当讲求其美的做法。我国有许多地方的麦米做得极不好（北方的面条、大饼，潮州的饭），以致味同嚼蜡，无益滋养，徒累肚腹。做法好的如法国面包，广州饭粥，因发酵与炊烤得法，则出货多而好看，且有滋味与易消化。在副粮上，做法之外,其切割、烹调与和味等项也极重要。同一样物,因其切割的形状长短、方圆、钝锐、大小不同,及烹调和味的方法差异,于味道上即呈大大的变更。贵如燕窝鱼翅如做得不好,不如做得好的豆腐香甜。凡做法好,使目见得美丽,自然食得有趣。例如用各种模印成面块为各色花鸟人物的样式,作为汤料,不但美丽,并且使舌根触觉各种花样之不同而各得了一种滋味,若与北京市上黑灰色和蚯蚓式的面条那样丑劣相比较,相差真有天壤之别了。

(丙)现就"食法"说更当求其美化。由我们在上头所说的看起来,美的食法免用多费,不过把旧有物料做得极好味道而已。其次,美的食法于美味外,又兼及于美观。要求美食法之人,须当节出食物费若干分之 ,以为购置关于美观的用具。例如格外清洁和具有些美趣;其他如食堂、食桌、食具等的装饰皆当讲究;至于桌供生花,壁挂美画以及助食的音乐,劝膳的种种消遣物等,应当力所能及不惮劳地去设备经营。这些费用不是无谓的消

美的人生观　49

费,有它而后食物才能美化;有它而后食物在精神上的价值才能增高。

除上所说二种美的食法外,还有第三种更紧要的是"美的内食法",这个可用三个步骤来说明:(1)使所食之物在身内得到最高度的热力;(2)使人对于食物,仅在物的兴趣上而不在其需要;(3)使身内的热力转变为精神上最高度的作用。

现先就内食法第一步说,叫做吸味与吸气法。这个固然不是普通所谓的"食"。但它与食物的关系,在使食物能消化,又能使食物消化后在身内得到最高度的热力。实行这个吸味与吸气的人,与闻肉味而无食肉和嗅花香而无食花同样能得精神上的快乐。实则,普通人的食法也以味与气为重的,遇了无味与失味或变味之物,除非在极饿的时候,谁也不肯食的。不过讲究味与气之人,更加注意于物的精髓而忽略于物的糟粕罢了。我曾见潮州人的善饮茶者于一个极小的茶杯中不过装上数点的茶水,未饮时先嗅味，饮完后又嗅茶杯中的余香。至于一些人的饮茶，大碗大喝，由他们看来无异于"牛饮"了。此外善利用味与气者，莫如于旷野美丽的场中饱吸新鲜的空气。实行吸空气习惯的人觉得他与自然呼吸相通而合为一，于精神上有无穷的兴趣和快乐，而肉体上也有无穷的热气与能力。因为新鲜空气人人身中，好似氧气透入火炉的炭中一样。炉炭得了氧气而烧力倍烈，人身热力得了好空气，而气力愈加提高。无空气，则肺脏的炭气不能燃烧，也如炉炭无氧气就要熄灭一样，这个可见吸气与我人精神和肉体的营养关系上的重要了。由此也可见得吸味和吸气与食物上的关系至深且大了。

"内食法"的第二步骤上是"使人对于食物，仅在物的兴趣上，而不在其需要"。"兴趣"与"需要"的区别甚为重要。第一，讲兴趣者，有兴趣时才食，否则就不食。由是可以养成"食为兴趣"的习惯，不是如俗人完全为口腹的需要而饮食的。第二，凡看做兴趣品用的，则一切物皆有益；看做需要品用的，则一切物皆为负累。例如米粮，因它是为我们日常的需要品，所以我们虽不能不用它，但常给我们的讨厌。又如烟酒若能善用为兴趣品，则杯酒枚烟常能使我们身体上得到极快乐的兴奋，而精神上得此逍遥于烟云缥缈之中，常能得到深妙的思想与高尚的乐趣。反之，若把烟酒为需要品用，如现在的人手不离烟，口不停杯，遂把一切烟酒的美趣完全失却。这些人当然是满脑装上了烟晦气，满肚盛下了糟味道而已。其结果，则神经过于刺激，肉体过于疲劳，以成今日我国社会上充斥了老大病夫及神经病态的二种人物！第三，晓得兴趣的食法之人与普通人的食法不同处，就是普通人无这个兴趣的食法，以致不免一味滥食，仅仅养成一个"行尸走肉"的躯体，甚且为食物所侵害而至于死亡。至于晓得兴趣的食法之人，对于食物必先有兴趣而后食，自然极会节制食物的分量而不过度。且能使食物为他所同化而不为食物所同化，同时，使食物同化后为他美丽的身体与健全的精神。

以上三层所说的不过是"内食法"的陪衬。实则"内食法"的真义不单是吸味与吸气，也不是单为食的兴趣，而是在一定的时期完全不用外食，仅靠极微的身内热力就能生存，而且得到精神上极大的出息。谁不见蚕到一个时候不用食桑仅做吐丝与传种的功夫么？究竟许多科学家、艺术家、哲学家以及组织家和创造人，何尝不是在一定时候完全是绞脑汁、用心血做他们的事情，何尝不是把饮食的事一概都忘却呢？孔子说："发愤忘食。"昔苏格拉底尝因深思凝想的缘故鹄立于广场上至一日一夜之久，这些不过举出一二证例罢了。这样的"内食法"，虽不免使身体瘦弱，但他的精神则甚矍铄清爽，而无丝毫的疾病，并且能益寿延年。因为他所消费的（内食的）是身内同化后的热力，自能得到这些"同类的热力"的忠心与最大的效用。别一方面，晓得使用"内食法"之人，是把一切热力都向一个目的点进行，故他对于热力丝毫不会乱用，并且用得最有效力。

总之，由"内食法"第一、第二步骤上进行，最能得到食物变为最大储力的效果。由第三层的"内食法"：一面，得到储力最善的保存，一面，又得到储力最好的使用。故"内食法"是美的食法的真髓，是养生的最好方法，是把物质创造为精神上的最好技术。它是最经济的，因为它少食或全不用食而能饱。它是最卫生的，因为它不会被食物所侵害。此外，它对于食物上得到其最适用，并且得到其最美趣。这个"内食法"是作者自己发明而试验过得其大成绩，所以敢公之于世以望他人仿行而同沾其利益（其详细方法当待《人生与艺术》一书上去讨论）。

美的衣服与美的饮食既在上面说明了。我们现应论及美的居住，以完成人们衣食住的整个生活上的大作用。

三、居住

我国北方的土房及南方庙祠式的住屋，都是不卫生与不适用的。到了现在居然有许多模仿欧美乡间火车站式洋楼的建筑，虽比旧式的较为卫生与适用，但终极缺乏美趣的观念。我以为造屋要全合于经济的、卫生的、合用的与美趣的四个意义，应当先知道者有三事：

（一）房屋当分别为公用与私用二种。公用的如办事房、工厂、商场等，仅求做事上的便利，常以经济与适用为目的。例如在商业繁盛及地价昂贵的纽约及芝加哥二地方，其屋高至数十层者。这样建筑物，宏美处虽有余，而优美上则极不足。私居住屋当然无须如此的"孤高"，但求得优美与有回旋的余地，即算为一种胜居了。

（二）私居住屋当在郊外，最好是于山中或水边寻位置。山间与水旁的地价极便宜，且富有自然的景致。旁如空气日光的卫生与安静独得的幸福，皆非城居者所能望及。

（三）住屋的分配当求各合于适用。住房、客厅、食堂、厨房、浴室，以及大小便所与家畜居栖等地方当使各得其所。不可如我国大小便桶放在床头，猪狗鸡鸭睡于桌下的那样闷煞人。

于上三端外，又须再加高深的讲究者则为建筑法、屋内外的设备及"外居法"三种。今分列之如下：

（1）先从建筑法的大纲上说一说。大凡私居的屋式务求委婉有致，不可过于呆板。长方形的乡间火车站式洋楼及四方形的北方房屋都是不足取法的。最好是参酌欧美乡居式的鲜明与东方田家式的暗藏而成为第三种的住屋。这个"第三种的屋式"大略是高低起伏，有明有暗，方圆曲折，也齐也差。至于"神而明之存乎其人"：有钱者高楼层阁，窗扉门户各具一格；无钱者竹篱茅舍，瓜棚豆架别出心裁。总之，以美趣为目的，以经济为依归，以适用与卫生为标准，无论在何地方用何格式，都能得到一种美屋的结果。

（2）可是，屋不过一个空架子，尚需要有点缀，假使屋内外无相当的摆设，则虽单有美丽的建筑式，终不能把它真价值表示出来。故于屋外的周围，有钱者须配以园囿，贫穷之家也须多栽果树为陪衬。我在上已说及利用屋内外的隙地以种果树，由此可以得到水果的利益与树木的卫生及美趣了。此外，苍松、弱柳、名花、佳卉也当着意栽培。树宿飞禽，花引蝴蝶，实为极有趣味的事情。论及屋内的设备更当讲求。冬天温度当善保存，使室中常具暖日的和煦；夏时凉气竭力吸收，庶屋内长有熏风的愉快。至于一切家具纵不能求全责备，也当使其有条不紊，简洁不俗。另有一件当留意者为睡床。睡眠占了我人生活上大部分的时间，且为保存身内储力最紧要的一事。夜睡不好，日间疲困，做事无精神，并且为各种疾病的引导线。可怜我国人对于床褥素不讲究。黑漆漆的被褥生满了无数的臭虫与跳蚤，夏时更加以毒蚊恶蝇的猖獗。除非一个神经麻木之人，正常人在这情景终不能睡。纵睡得着，也被虫虱蚊蚋饱食一场。一人日间所得的营养料，竟成这些物的食粮，这样何等冤枉，而我人白流了许多无谓的血,仅得着了虫虱的毒害微生物传入身内的报酬!这样更是枉冤!故现在刻不容缓当大加注意于床褥之改良。其事至为简单,略陈之如下。睡床要求适用,稍为宽长较善,褥能用洋式的更好。(即褥垫用棉草蒿之类为内件,以布为外里。其广狭当依床的面积为度。)被以温软为佳。褥垫上面,被的里面,各用一块白布包裹,一同压伏于床缘下。如此,则冷气不能侵入被内,而白布时加洗涤,自然免有陈气的臭味。若能每日把枕头、被、褥、床或蚊帐等整理一次,夜间定可得到梦境的清甜,日间自有愉快的动作。这样床褥的费用甚少,而我人由此得到的利益则甚大。

(3)我今更进而论"外居法"。这个名目骤然看去好似与上头所说的"内食法"同样有心取奇,故意对偶。实则此间大有道理,不能不稍为论列。常人入了住屋即等于猪入牢鸡上埘一样,到屋里就天昏地黑,完全与外界绝交了。我今所说的"外居法"即是以天地为庐,万物为友,"日月为扃牅，八荒为庭衢"的意思。使人居在屋中无异住在自然界的中间。但这个怎样可能呢？其法第一当使屋宇轩敞以多得空气，并要南向，以多得日光。例如把北京东西南北四朝向式的房间改为向南的"北房化"，即是把下式南向的半圜式。

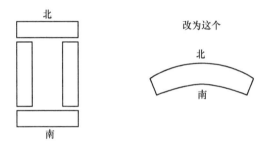

其余窗门的构造，也以得到充足的空气与日光为目的。现在英国屋宅建筑师极为注意如何得到充分日光的方法。因为日光不但是最好的消毒物，并且屋内充满日光，即无异于在屋内得了野外生活一样。这个是"外居法"的一个办法。其第二个办法，在使屋中与外象及夜景时时相接触。其屋檐下当建以广大的走廊，屋顶筑以平坦的露台。夏时，日则休息于广廊之中,夜则睡卧于露台之上。耳闻万籁齐鸣,眼见众象罗列。枕上虫声唧唧即是催眠的音乐。月色晶莹,晨光熹微,即为张眼所见的图画。若在冬天,拥火围炉,尚有可亲爱的日光来相慰藉。于身体则免为风雪所侵凌,而精神上且与自然相交接。总觉得我不是一人零丁住在屋内,屋不是孤独放在自然之外。人与屋与自然相合而为一,时时刻刻彼此无不声息相通。快乐哉"外居法"也!惯居无空气无日光的人类乎!你们何不采用这个"外居法"的住居?它有无穷的日光使身体不衣而能暖!它有无限的空气,使肚腹不食而能饱(参看上节"内食法")!它能使你们居一屋中如居在一天地之大!美丽哉"外居法"也!住惯了丑陋与臭味的中国式的房主人啊!你们何不采用这个新法,使身体免为虫虱所咬害,而精神上免如猪狗入牢穴时之无聊。住这样的新屋,你掀鼻时有花香气香,你张眼时有日光星光。你终是穴居惯的蚯蚓么?你怕见日光么?你不喜欢空气么?你是人,你来试试，你才知人的生活的快乐！

四、坟墓与道路

在这衣食住之后我们应当附及二事：一为坟墓，二为道路。

说到坟墓一层上，我国人最该死处是把湫隘的住宅安置活人，反把极阔绰的风景让诸枯骨。到如今满地充斥了一堆一堆的坟墓，山野变为丛冢，田园夷为荒丘。现为经济计，为美丽计，应当采用公坟制。凡葬过三十年后就把骨头迁入一个地窟。公坟的处所当求其最美丽，使人有"我将老于是焉"的兴叹。而孝子贤孙对于祖宗既有三十年这样好地方的凭吊，也可以慰藉了。这样公坟制当然胜于北方粪堆式与南方龟鳖形的零星孤坟制万万。

其二为道路的问题关系我人的生活更为巨大。外人目我国为"无路国"。实则，我国人岂全无道路的需要，不过所有的路不适用于丑恶罢了。且我国的道路不讲求清理，以致蝇蚊滋生，于居民的卫生甚有妨碍。故现在改良道路的目的不但在求其适用，而且求其卫生，并且再进而求其美观。美的道路应分为公路、私路二项。每条公路当由五条线所合成。路的中间线满栽花木，其旁有长板椅为行人休息之用。附近这中间线两旁的二条线为行人用，再外两旁的二条线为行车用。凡各线的两边皆须种树。其私路的面积，虽免如公路的宽阔，但精美处则当超过。应以青草为毡，金沙为毯，环心花篱，笼以树盖。务使道路好似屋的走廊游道一样。道路美丽，屋宇也美丽。道路清洁卫生，屋宇也清洁卫生。至于因道路的整理，使交通便利，行动省力，于社会的经济，于人身的储力，更有无穷的利益。由这点看，也可见出美即经济，美即卫生，美即适用。

以上三段对于衣食住的紧要处已经应有尽有论及了。总而言之，人类生活不能离衣食住。而衣食住的作用，不但是延长我们的生命而已，它的紧要处乃在使我们生命怎样得到最好的储力，以为后来最适当的发展与扩张。故我们对于衣食住一面在求如何用至少的力量与金钱,而能得到最大的卫生,最多的适用,与最高的美趣。别一方面,又在研究衣食住与身体和精神的关系,如何能得储力上最大的效能与极完满的发展和扩张的作用。所谓"用力少而收效大"的大纲,乃是我们美的生活上根本的大纲。明白这个大纲的使用,自能得到衣食住的真谛,同时也能得到问题的解决。

第二节 美的体育

美身体的养成有四法:一,由于先天;二,由于锻炼;三,由于内体运动法;四,由于衣食住。我们在上节已把衣食住与身体的关系上说明好些了。本节所要论列的为先天与锻炼及内体运动法。

先天遗传的学说极其繁杂,莫衷一是。我将于《行为论采用状态主义么?》一书上详细论及。现就其大纲说,我对于遗传的新解释是:遗传仅在形体而不在其精神,仅在其行为的倾向而不在其思想的前定。见一孕妇，大概可以预知其将来必生一个人形的小孩。究竟所生的小孩能否与他的父母同一容貌，已极难说。至于孩儿的才能德性能否肖其父母，竟是毫无把握。贤父母生贤小儿，这个例外与人类偶然生了龟蛇形的胎物同为一样稀奇的例外。明白这层就知从前"优种学"的希望能够创造聪明与好品行的胎儿为过分了。我以为聪明与德性乃是后天教育的功效。优种学之所能为者充其量仅有把胎儿造成一个强壮美丽的身体，以为将来可以有造就聪明与德性的机会而已。

故我现在所主张的"新的优种学"乃实实在在地单从胎儿的身体上做起。所谓"新的胎教"，即使孕妇常有充分精良的食物，衣服宽便温暖，身体洁净，运动合度，精神上常有极端的满足与快乐就是。至于孕妇德性上的问题并非紧要。胎儿在子宫内所求的不过是母身中的营养料与母体的健康。母亲性情如何与胎儿并无直接的关系。因为德性的影响于儿童是后天的、间接的。物质的影响于胎儿是先天的、直接的。

怎么说物质的影响于胎儿是先天的、直接的呢？据人种学家所调查的结果，凡缺乏营养料的产母，所生儿童多成猴形，尖头细脑，颧骨高耸，唇腮突出，鼻凹耳歪，眼眶平露。总之，面部上各孔窍堆做一团，彼此不见明晰的界线。其他如四肢不发达，体魄不强壮，甚且身内各机关构造不好，以致百病丛生。反之，养料供给充足的孕妇所生孩儿多是面庞丰满，身体肥壮。而我以为这样强壮的婴孩，同时必能得到将来聪明与德性上较良好的成绩。因为凡身体好的孩儿，其性情必温和。若身体不好的则常多号哭。故要使婴儿好脾气，当使他先有好身体。他所快乐与痛苦者惟有在身体一件事，身体好则一切皆好了。其身体衰弱者因生理不愉快而多号哭，必至于神经起过分的刺激，养成将来神经变态的各种疾病，而一切凶暴顽劣的性质随此而生了。故身体好的人不仅将来有好心思，并且有好志愿及好品性的倾向。恶人都是青面獠牙的；好人都是气象亢爽的。志气薄弱常由于身体衰弱而来。刚毅正大的品格,多从强健雄壮的体魄所养成。

由上说来,要创造一人的德性与聪明,须先创造他的好身体。这个好身体的创造本极容易做到。纵在胎内如能照我前头所说的"新的胎教"做去,胎儿的身体上,也能得到极好的成绩,好似花木及家畜改良家对于所要改良的物用何方法就能收到何种效果的同样有把握。我这个"新的优种学"乃是科学的方法可以得到实在的成绩。旧的优种学尚不免带有玄学的神秘色彩,并无一定的效果可以希望。

母教对于儿童德性上的影响是后天间接的,因为这个于儿童产生之后才占重要的位置。但在儿童时期,所谓德性的陶养也当附丽于体育之中。例如:婴孩身体当常使与外界相接触。为母亲者当随时使儿童皮肤与官骸上得到灵敏的感觉。眼怎样区分各种光的强弱,耳怎样辨别各种声的高低,口与鼻如何认识滋味的不同,凡这些事应当随时去留意。并且使儿童于身体动作感触中同时如何得到情感、知识、志愿与审美的习惯。故于儿童的饮食当使甘美适口，衣服颜色务求美丽，这些乃是养成儿童的审美性。如遇儿童要一物时，当使儿童就物，不可使物就儿童，以养成儿童的独立性与志愿。常使儿童从感觉中辨别物的距离、轻重、大小、寒热的不同，以养成儿童对于万物的知识。又有一事最当留意者，母亲除非有疾病及特别事故外，当用自己奶头给孩儿乳浆。母亲的乳汁因生理上的关系终比乳媪及牛羊的乳与儿童的味道格外相宜。并且于饮乳时，母亲能够供给孩儿一种慈爱的安慰，可以养成儿童的好情感。乳媪自然是雇用的性质与乳孩的痛痒不相关，其粗暴且以乳孩为厌恶品，怎样能使儿童有好感情呢！（如自己不能亲乳其子，乳媪也当选择身体健壮，品行温良者充之。乡下妇为佳，城市的极少合选。）

总而言之，美的身体不是一个"行尸走肉"，一个无灵性的躯壳，一个无生气的骷髅！美的身体，乃是组合情感、知识、志愿与审美而成的一个机体。而情感、知识、志愿、审美，也不是独立之物，乃是身体内部或外部的一种神经或筋肉的表见。故美的体育在使一个身体养成为铜筋铁骨之中而有温柔娇嫩的姿态。在使人有野兽的强劲便捷而无其凶暴犷悍，在使其有文明人的温文秀雅而无其萎靡颓丧的气象。这样美的体育，当儿童时期即当培成其基础。到少年及壮年至老年尤当继续发展以达于完善的地位。这个美的体育当以锻炼的教育为主点。锻炼的程度轻重、简繁、容易与艰难，在小孩子时期与成年时期虽各不相同，但根本上与目的上则并无差异。故最好是由小孩到成年从易至难做有次序的与相衔接的锻炼。

在身体锻炼上，有二事极紧要，应当先提出讨论者，一为养成清洁的习惯，二为裸体的提倡。

清洁为一切美德的根源。衣食住固当清洁，身体上更要清洁。勤加沐浴，愈勤愈能得到美的身体。洗澡或擦身，最能使血液流动，热气增高，不但身体舒畅,皮肤光润,并且能使精神爽快,气象勃发。游泳的练习为运动中最好方法之一。它能使周身平匀的动作,与身体及呼吸得到极适度的发展。同时,它能使身体得到最清洁的利益与识水性的实用。我极希望一城或一校中有一个极广大的游泳池。人入其中好似到海边河上一样,水有温的有冷的有深的有浅的。男女老少共同游泳,其用水量比各家各人分开的合起来当然俭省极多。而因共浴有兴趣,人必喜欢常去游泳,其价钱因人多也必极便宜。(刷牙齿,擦指甲,也当留意行之。牙齿肮脏不但是开口说话使人讨厌,而牙蠹乃一极痛苦的事,往往牵及神经病的关系。指甲短而干净,可免甲病,并且得到手的美丽。)

论及裸体的提倡更不容缓。它是养成美的体育最重要的事情。人生本来是赤裸裸的,我前在衣服一项上说及衣服不是为礼教用,乃是为御寒及美丽而穿的。可惜现在的社会更把衣服为"防闲品"而以裸体为羞耻事了。以致有许多人的身体为衣服所束缚不能发展，其姿势更为衣服所改变以致成极丑恶的状态。例如驼背、鸡胸、缩龟头及鸭脚步的种种怪象多与衣服有些相关联。故现在要求身体的美丽，当从裸体讲究上入手。

我可列出四种裸体形为模范。第一种在旷野中做裸体的练习。若与穿衣服做体操者相比较，裸体的何等便捷轻爽，穿衣的何等笨拙拖累。第二种为海中游泳。美丽的身材与峻峭的石岩及蓝碧的海水互相辉映，任凭海鸥也无这样的飘致可爱。第三种为一男一女在平原中并肩游行。人生行乐正当如此。赤条条来去无牵挂。彼此男女拿出真心肝相对待这才是真正的爱情！在第四种上乃一群裸体的男女儿童环绕而戏。儿童由此得到身体直接和外界相接触与周身平均的发展。又可使男女彼此从少时习惯看见两性生殖器不过是身体上一种极平常的物件。他们长大了，男女相与，当然不以生殖器为意，而以情爱为重了。若在礼教及文明的地方，把生殖器紧紧包藏看做无上的宝贝。难怪男女的结合，不过认作一种生殖器的交换品了。难怪男想女，女想男，底里上仅是想着对方的宝贝而已！故最道德的教育，莫如使男女从少时就司空见惯了两性的生殖器，所谓少见即奇，见惯不怪。而最不道德者莫如自少穿衣服惯的人，一见了异性就想入非非，以为恋爱的神秘，即是在得到对方生殖器的作用！

在我们这样的社会，裸体练习自然不能公开。惟有于夜间月下或旷野无人之地自己或一家人或合同志者行之。若在自己房屋更当时时养成裸体操练的好习惯。又有一事应当附及者，若睡床能依我们上头所说的做法，则夜间睡时不必穿睡衣。裸体而睡，身体愉快，且俭省衣服费。北方人的生活无一事好，惟裸睡事是一件大发明。

在日间闲居时，如须穿衣，也当穿极宽薄者，好似无穿衣一样。如须穿鞋，也当穿极松放者，好似无穿鞋一样。女子剪发者固不必说，如长发者也当使发散披于肩背上，好似头上无发的拖累一样。

（女子头发剪否，当随各人的意志去解决，谁也不能干预的。但剪与否，须要整理得清洁与具有美趣者为佳。男子头发当剪成平头式，不可有长发垂眉那样腐败状。）

总之，裸体练习的效果，不但使身体美，并且使身体与自然上有直接感触的机会，由此可以养成官骸上极灵敏的感觉与对付外界事物上有切实的见识。现时所谓野蛮人者别无好处，惟有他们的裸体。他们的衣食住极缺乏与不卫生。但他们的身体则极好，乃因他们裸体锻炼的缘故。他们无教育而极乖巧，也因他们赤裸裸的官骸常与自然相接触，遂能"灼知外情"所以对付环境免至失败。若我们叫做文明人者，衣食住与教育的供给既极完善，若加以裸体的练习，其身体必加美丽，情感必加发展，见识必当格外切实与完全。故我极希望社会及学校对于这个裸体教育上当有充分的设备与鼓励，而个人上也当认真地去实行。

如上所说，一切锻炼当以清洁为依归，以裸体为作用了。此外尤当以知识为标准,而以美趣为目的。所谓操练、拳术与武技、野外运动、旅行、游戏等项当以上头四个意义做根据,然后操练的免如学校式的枯燥无味、军队式的严酷寡欢;武技的免如拳术式的不科学;野外运动的免却鲁莽灭裂的弊害;旅行的不至乱撞无目的;游戏的可免颓丧无聊和种种胡闹了。苟操练得其法则不但身体上得了无穷的利益,而精神上也有无限的乐趣。例如兵式体操虽可以养成端庄的体格,柔软体操可以得到活泼的动作,但这些操练,好中尚有不足。此外更当助之以拳术与武技。拳术改良后,使不失于局部的发展,就有灵巧的效用了。其武技,当学如公孙大娘的舞剑器"爟如羿射九日落,矫如群帝骖龙翔,来如雷霆收震怒,罢如江海凝青光"那样绝妙的技术才有兴趣呢。由是再进而为野外的运动:打球、赛艇、竞步、升树,各有专长。骑马驰骋,顾盼自雄,更是乐事。他如驾驶空艇,翱翔于云霓之上,俯视尘寰目无余子,岂不是大丈夫之所为么?至论旅行原与冒险有同一的作用，山岳探幽，湖海寻胜，大地是我的试验场，许多发明都从此出。说及游戏一道苟于林下或公园中行之。表情言爱，对舞互歌。天然场中天然剧，好一个陆地神仙的生活！

照上说来，由美的体育的训练，可以得到职业（如飞空家等），可以得到科学（如旅行家、探险家等），可以得到艺术（如游戏、歌舞等），而它的目的是在养成身体上好似一个理想的机器，使这个理想的机器，一面善于吸收外边的物力以为身内充分的储力，一面使这个储力在这个理想的机器中得到"用力少而收效大"的作用。我在上已把衣食住，先天的养成，及各种身体锻炼法与美体的关系上略为说及了。但尚有一个"内体运动法"于美的体育上关系极大，于养成这个用力少而收效大的理想机器的关系更大，今为说明于后：

内体运动法在使身内的机关得到适当的运动，以免发生疾病而致储力于白费空耗。世人所习用的"静坐法"及"冥想法"，所谓"运用内气"，谈者极其神秘,而究之极少效用。我现在所说的内体运动法乃是根据科学的道理与心理学的应用,毫无凭空捏造的荒唐,而有确切实在的功能。今为先举其普通的方法如下:(1)深呼吸法,于清洁的地方行之,能使肺脏部运动,可以疗治肺病;(2)按摩术,善用其法能使身内关节痛快,血脉流通(参考东西按摩术等书);(3)大便每日有一定的时候,使肠上有一个规则的动作以免便涩的疾病(最切要的不可对人放屁。便通,减少屁气,如遇有屁时,应隐藏暗处自己私放);(4)穿衣服时,当使足温,臂冷,腰背暖,头寒,又当时时洗头和脸,使身内热力从脑的方向上流行发泄,以免脑病而且能得到清晰的思想。这四件事虽属平常而关系于内部的运动则甚大。此外,再举其比较更为重要者约得四端如后:

(甲)笑的作用。人生最难得者是快乐,而笑是一切快乐的根源。可是,笑有许多种,如小人笑、市侩笑、奸险笑、儿女笑、英雄笑等。小人与市侩的笑，笑得太无趣味；奸险人的笑，又笑得太苦恼，这些皆是无可取的价值。至于儿女笑即孩儿与美女的笑法，所谓"巧笑倩兮"，所谓嫣然一笑值千金。这样妙笑，能使笑者肺腑清爽，精神畅快。其擅长处在以柔媚取胜。若英雄的笑法乃以刚毅得名。它能笑得哄堂，笑得痛快，笑得淋漓尽致，笑得捧腹挠肠。这样捧腹挠肠而笑的笑法，极有益于腹及肠的卫生。它能助腹与肠起消化的效用而得到食的兴趣，它能消散人们的烦闷而得到安慰的乐境。故我人每日应当实行几回英雄笑，以养成英迈豪爽的气概。

儿女笑与英雄笑的养成，有由于生理与心理二种方法不同。从生理上着手的，如他人于自己胳肢窝内或两胁上乱挠，时能得到笑的发生。要使儿童发笑，除采用上法外，或于嘴边用指轻抹，或以笑面对之玩耍，都能得到儿童笑脸的相报。至于心理的作用，则当看笑书（如《笑林广记》等），谈笑话，看笑事，亲笑人。我想发起一个"笑会"聚集许多喜欢笑、晓得笑的人，搜集笑的材料，研究笑的道理，制造笑的事实，做一种"笑的科学"或"科学的笑"的运动。其利益处当比现在什么用科学法整理国故，及什么徒为铺馊的那些会高几千倍。又我想上断头台乃人生至苦痛的事，倘能于此时以笑来消遣，当能得到金圣叹被满洲皇帝诬杀时那样的痛快！

（乙）闺房术。这个不是如各小说上所胡诌的那样荒唐。我们乃是从科学上研究生殖器如何得到最美妙的触觉，与心理上如何得到交媾时的乐趣。故一方面当从生殖器卫生上做起。其法在使男女生殖器免受种种外物刺激及摩擦的妨害。例如紧窄、粗劲、肮脏的男女裤及女子月经布等，应当留意改为宽底裤，或无底裤，或全勿穿裤（参看衣服一节），月经布应用温软的毛巾，时时易换，不使冷湿，若能采用药房的"卫生棉花带"更佳。男女生殖器的外部当常用温水或冷水洗涤后拭干。女子又当用"阴户洗具"（西药房有出售）时常用湿水洗膣内，于月经及交媾后更当把膣内洗干净。这样洗具当如脸盆一样的普通，家家当置一副才好。［据医学的调查现时我国女子十人中九有"白带病"，又大都生殖器无灵敏的感觉，乃因生殖器不卫生，及腹部受寒冷（多因内衣装不好）的缘故。］此外，最当禁止手淫，又房事不可过度。大约男子二十岁以下，五十五岁以上，女子十八岁以下，四十六岁以上，为"不当交媾的时期"。在壮年的男女每数日一次房事即足。男女彼此夜间能分开床睡更好，以免时常触起性欲的危险。这些关于生理上的条件应当留意，然后才能得到交媾时的兴趣。至于心理上的作用，第一，男女彼此间须当有兴趣时才可接合。第二，当彼此俱有兴趣时，各当乘兴尽力发挥，兴尽当即停止，既不可学假惺惺的道学派，也不可学一味贪多的登徒子！

交媾如得其法与合度，则极有益于身体与精神上的愉快，一人的神经系与感触腺最灵敏的莫过于在生殖器的地方。生殖器运动时则身内一切官骸皆发电气的作用：筋松骨软，血管膨胀，两颊晕红，双眼如醉似睡，口鼻里发生一种至感动人的音浪，即细至一毛一发也生了电气在那里颤动。这个可说是周身最精微、最完全、最快乐的运动呢！

（丙）神经系各个上的练习法。就使耳目口鼻及皮肤上常受不同的刺激（不可过度与过骤）。使这些神经时时起注意，则神经不至无动作而麻木。例如眼当时时辨别各种颜色，能如法国国立毯厂的工人辨别颜色至数千种之多更好哪。但我们也可以在早晨及晚景上看日影、云霓、山色、水光的变幻，而得到一切不同的色彩。耳官自然以多听音声为贵。音乐是一个最好的练习法。其次如鸟鸣、风吹、海啸、泉流，也可以得到许多变幻不同的声调。又口与鼻当嗅尝许多的香味与食味。最好于深山旷野之中，遍地领略树木、花、果、藤、草、菜、谷各种味道的差异，口喉的练习比较鼻的更为重要。人当常常于山间、泽畔、海滨、湖上练习种种的声音：或大如波涛的呼号，或细似莺鸣的轻巧，这些可以得到喉头声带的运动，于思想的发展上实有极大的帮助。若论皮肤上接触的练习：日光、夜气、海水、山岚，以及风雨霜雪，当常使赤裸裸的皮肤去受洗礼，这些五官神经系上的练习，当然应从外界的感触入手，但当五官神经系接收这种"外觉"之后，它们由是完全地而起内部动作的功夫了。（一切五官的卫生皆紧要，而眼尤甚。我尝考查学生中有"沙眼病"者，其数占百分之九十余。这个病极易传染，难怪美国取缔这样病人入境。）

（丁）神经系综合上的练习法。由神经系的动作与记忆的作用随时认定一事为主点，聚精会神去思维研究。这一个所认定的事，遂成为一切神经系所注意的"焦点"。此为神经系综合上最好的活动练习法，由是而能养成为极端的情感派、极端的聪明派、极端的志愿派、极端的审美派。其中详细当待在本书第二章上去说明。

由这个内体运动法，合上所说的锻炼法，加之采用"新的优种学"在先天上已假设有一个美体的根基,后天的衣食住上又遇有了创造美体的机会,如是一齐综合起来成为一个至完善的"美的体育"。这样身体的大作用,不仅在其康健长寿,不仅在其漂亮活泼,而又在其本身构造上的缜密与使用储力上的灵巧。因其构造上的缜密,故它对于衣食住与外界的事物能以至精妙的方法去吸收与保存。因其使用上的灵巧,故它能使身内的储力得到最善良的发展。好的身体与好的机器一样,都是一种"用力少而收效大"的工具。好的机器,只要一些热力进去,就能生出千万倍大的有用的动力出来。好的身体,只要一点能力在内,就能发展为无穷量的扩张力于外。在本节上,我们所希望的就在创造 个"理想的身体"好似一个"理想的机器",同样能给人类产出了无穷尽的好出息。而且,身体所出息者为思想与行为,当然比机器所出息的仅是物质和货料有万倍大的重要。西方已有人竭力去发明"理想的机器"了。东方人们!请快些去发明"理想的身体"吧。如能做到这层,我就输服东方文化比西方文化高。若现在那些腐败人,一身尚是肮脏臭气,奄奄一息与鬼为邻,既已不能管理自己的皮囊,还配说什么精神的文明!

第三节 美的职业、美的科学、美的艺术

于前第一节上,我们研究美的衣食住如何能给我们人身上一种最大的储力。于第二节乃求一个好身体如一个好机器一样,使一面对于衣食住能去吸收最大的储力;别一面,又能保存其储力以为最好的扩张力。由是说来,储力既有充足的准备,身体又是一个善用储力的好机器,那么,以后我们所当讲究的全在怎样使储力变为扩张力时而能得到"用力少而收效大"这个问题了。

由储力而变为扩张力时,概括起来可得五种的方向:(一)从职业、科学、艺术的方面去扩张;(二)从性育及娱乐的方面去扩张;(三)从美的思想的方面去扩张;(四)从情、知、志的方面去

扩张；（五）从宇宙观的方面去扩张。这些事当待在下头逐层去讨论。

本节所要说的为第一种的扩张力，即是个人对于环境第一步的发展。若计其步骤则有三：（1）职业、（2）科学、（3）艺术。而就其原理上说，则三者实合为一，即不外是一个求生存的方法。人生要得衣食住才能生存，但要得衣食住，须用种种的方法。初民求生存的方法甚简单，其后，因求生存的方法逐渐精巧，所以有分工的职业。由职业分工的结果，遂有科学与艺术的发生。故科学原不过是职业的结晶物，而艺术乃是职业的点缀品而已，并不是于职业外尚有科学与艺术二件事呢。即在今日，职业、科学、艺术，虽然是各有独立的位置，而实际上尚须三者组合为一气用，然后彼此于学理及实用上才能得到"用力少而收效大"的结果，即是：于职业上才能得到奇巧丰多的成绩，于科学上有了博约会通的功用，于艺术上免却破碎虚无的弊病。我们在此节所主张的，即就这"三者即一，一即三者"的原理方面做工夫,自然觉得职业、科学、艺术的意义与作用,完全和普通所说的大不相同。但由这个新的主张做去,我们才能得到职业、科学、艺术均是美的真义,及"用力少而收效大"的道理。

一、美的职业

职业必要科学化、艺术化,然后才能得到职业学理上的美妙与出息的众多。因为职业若无科学的辅助则于理论上不精明,于实用上不经济,势必循用腐朽的学说以致所产少而又劣,我国各种工业及农业的恶劣即足证明了。反之,凡做工者关于自己工作的学理,如能了悉无遗,则将来于本业上或有相当的改良与发明。姑就实用上说,如能用科学的方法去做工,如泰勒[①]的做工方法之类,则一人可

[①] 美国工程师泰勒(Frederick W. Taylor, 1856—1915),他所首创的泰勒制是通过所谓科学的劳动组织提高劳动强度和劳动效率的一种制度。

得数人的成绩而无其劳苦，这个利益已是无穷大了。其次，职业上又必要艺术来帮助，而后所出的货物才能美丽和奇巧。而执其业者才不觉其苦而觉其快乐。例如：晓得科学与艺术的农人则于农业觉得为至美的至乐的，若蠢昧的乡愚方且以农事为极苦了。推而论之，凡"以职业为职业"的，则一切职业皆苦恼而且无巨大的出息；倘"以科学与艺术为职业"则一切职业皆是最利益与最愉快。例如以教书为职业，本是一个极无聊的事情，倘以教书为求达到一种教育学与教授法为目的，则教书一变而为极有益与极有趣的工作了。虽执小学的教鞭，自能于其间研究学童的心理与教授的法术，由此可以发明关于儿童心理的各种学问及种种教授法了。以是而为小学教师，无异做了世界极大的学者一样，其乐趣自然是无穷大，其利益自然是无穷多了。由此而论工人的职业，必要以科学与艺术为根基，而后工人才不是一个粗夫，而工业上才有精妙的学理与便利的实用。至于循此道以求之，学商业者，可得商学与商术；学政治者可得政治学与政治术；学军事者，可得军事学与军事术，以及一切的职业上皆可得其科学与艺术的道理和应用。即如拉洋车乃一至鄙贱痛苦之事，但能从此研究洋车上的机械学，与拉车者便利的动作及愉快的心理，则虽车夫的职业有时且乐之不倦了。他如厨房业、成衣店等，关系我人的生存甚大，而操其业者都是不学无术的人，这些皆值得去注意改良的。总之，如以职业为职业，则学商者必定为市侩，学政治者必是一个官僚，学军人者必是一个武棍。若以科学与艺术为职业，则车夫、厨子、成衣匠皆可望得一个极大的发明，他们在社会上的功勋，当然非市侩、官僚及武棍所能及。

  本来一切职业都是平等的，但因人格的关系与职业的科学化艺术化程度上大小不相同，故职业中有些是丑恶的，如妓女、相公、卖卜、相命、巫祝及风水先生等是。有些职业是可美可丑的，如政治及军旅等事。但美的职业中以农业为上选。它是最科学又是最艺术的。农业是最科学的,大地是它的试验场,四时是它的天文台。地质的变更,肥料的应用,每每与物理学及化学各种知识有互相关联。五谷、草、木、花、果的生长,与夫蝗虫的驱除,蚕种的繁殖,这些都是动植物学的根本材料。它又是最艺术的;百花的栽培、五谷的调护、树林的养成、家畜的改良,以及农物的制造等等皆是出于其手腕与心思。并且,农人的生活最适宜于用科学与艺术去创造。例如农村好组织,有城市的利益,而无其弊害,且最能得到合作与博爱的精神,及最美趣、最卫生的生活。田家之乐乐何如?但见野间风景,四时变换,万象争新,稻肥粱瘦,草青花香,空气清鲜,日光荡漾,这些景况既是美丽又是卫生。"到田间去!"此间有白云为伴,青鸟为侣,天然风景是你的图画,雨露是你的琼液玉浆。你不怕有恶社会来引诱,社会是由你创造的。你不怕有不好人来践踏,农人都是天真烂漫的。我国现时农民的社会尚在混沌的世界,不识不知的农民,尚是未经开凿的本质，只要你肯吃一点劳苦，做一个起始人，你就能创造一个最完满的新世界了。"到田间去！"比到工界去，到学界去，到政界去，到军旅去，于创造与改革的功夫，用力极少，而收效则极大。用相当的毅力，用到农民上去改造，终比在工人上，学生上，官僚上，兵士上，得了好成绩较易千万倍。"到田间去！"你就是"乡间王"。为农民上尽力，你就是他们的朋友、兄弟与师长。"到田间去！"组织农村，改良农业，提倡农人的教育，增高乡间的经济。农业是最美的生涯，千万不可放弃。"到田间去"这是"用力少而收效大"的职业。若你到恶社会上混食，领略那高等流氓的痛苦生活后，才认我所说的有大道理，那时未免嫌于太迟了。

除却小孩与老年外，壮年人都当有一种职业以养生。但男女的身体上强弱不同，性情的嗜好也异，故职业上自不能一律，似有分别之必要。大概男的长于劳苦一方面，女的则偏于忍耐。时装店、厨房业、卖花与首饰庄、看护妇、小学教师等职业，当以女子为相宜。交通上及工厂上的工作，以及一切劳苦的功夫，则以男子为擅胜。至于科学的研究，艺术的养成，以及社会与政治上的各种生活，则因各人的性质与能力而决定，原无男女上区别的可能。一地方上如能组织一个"职业测验"的机关，指示各人之所长去任事，则社会上必收极大的成绩。各人上关于职业的选择，也当有一科学的试验法，以知自己确实是擅长于何事，然后免至白费功夫于无何有之乡，这些都是求其达到于"用力少而收效大"的方法。

二、美的科学

科学乃由于零星的经验聚合起来经过一个系统的整理而成。许多"零星的经验"，即是职业所给予的材料。就其"系统的整理"说，则需要采用艺术的方法。故科学乃是职业与艺术所组合而生的婴儿，所以科学必要职业化、艺术化，然后科学的理论上才精密，而实用上才宏大。有职业做实地的试验，而后科学才能一步一步地进于高深。例如有量地测天的实用而后有几何学，有农业而后有农学，有航海业而后有航海学之类。别一方面，科学若不现实为职业用，则仅于学理上做虚空的敷衍，不但学理上不能达到精微的境域，而且于进行上无切实的地步可为根据，必至中途阻止，连极粗浅的学理也不能达到。我国火药的发明仅为做各种玩耍的花炮用，所以火药的学理不明，而火药的为用也不大。推而论及罗盘针，其发明虽始于我国，也因无远大的航海业去促进，所以罗盘针的学理极幼稚，而为用也极薄弱。其在西人则不然，因战争的需要，逐渐把火药的学理研究得极精微，每一次战争，就有一次对于火药增加许多的学理。其战争愈厉害凶烈，其火药的学理愈高明，其火药的实用也愈巨大。（我在此仅就学理及实用上说，至于火药用做花炮的玩耍比它用做杀人的大炮，谁好谁歹，我现在不必去管及。）至于罗盘针也是因西人航行远海的需要，陆续改良以至今日，于学理及实用上才均达到极高的程度。故凡一种科学，愈成为职业的实用，则其学理必愈明。其实用的需求愈殷，其学理的发明必愈大。其学理的发明愈大，其实用的效力也必愈高。职业与科学，实用与学理，如声之与响，形之与影，彼此不能相离的。若论科学与艺术的关系也是如此。科学一经艺术化之后，科学的学理愈精良，其实用上也愈普遍。就近来新发明的"相对论"说，即是科学艺术化的一种效果。浅显说来：如我在火车站时，当火车行，显然我看车是动，而车站是静的，但在车内的人，则说火车站是动，而车是静的。据相对论说，彼此均有道理，各因个人所处的环境不同，就看环境的现象动静不一。以观察者，与所观察的环境，并为一起以解决一切的物理，这个岂不是科学已成了艺术化么？（相对论的方法是主观与客观合一，与从前的科学纯粹用客观方法大不相同。）再进一层说，凡研究科学者以艺术为根据，则其心思必灵巧，其理想必高远，其发明必精微。妙眼一觑，灵心一现，就能于极纷纭的事物中发明一个极简单的定理。所谓"用力少而收效大"惟具有艺术的科学家才能当之无愧色。昔牛顿见一苹果坠地，而悟吸力的定律。伽利略见悬灯摇摆，而得动力的定则。凡观其微而知著，例小以推大，都是艺术的科学家之所长。又一切科学的成立不能无观察与试验。但观察与试验每每需要艺术的手腕与心思。至于科学深微的道理，更要由艺术的方法去考求才能得到。故科学的高深处，原与艺术无分别。科学与艺术本是通家。科学必要艺术化，然后科学才是真科学，这样的科学然后才具有至美的理想与含有极大的实用。

科学的种类散列为七八百门，合之尚有六大类：（1）数学，（2）天文，（3）物理，（4）化学，（5）生物学，（6）社会学。但各种科学中，以数学为最美丽与最有用。它是最美丽的，因它是最艺术化。它是最有用的，因它最职业化。凡一切科学都要以数学为根基，其含数理愈众多与愈高深者，其科学的学理必愈精明，其实用上必愈宏大。其科学愈"数理化"，其科学的程度愈高，高到有时简直不能去辨别它是科学或艺术。细微的电子，庞大的世界，苟推到它们的无穷小与无穷大极端的地方，我人必到一个时候不能用科学的道理去思维，仅能用艺术的态度去领略。故数理不但它本身最是艺术化，即与它相关系的各种科学，也由它的提高而变成为艺术化。数理既是最艺术化的学问，自然它为最有趣味的科学。可惜因教授法不好，致使人习数理者视为畏途。现当采用艺术的教授法，例如，教儿童的数理，什么都用不着，仅以两手上的十指为十个基本的数目，使儿童知一切数目所由来皆不出这十个数目的变幻。而加减乘除，与分数、比例，以及一切的高等数理，都可从这十指的数目推引与演绎出来。若能善譬妙喻，由这十指上可以了解无穷大和无穷小的原理，与吸力律及相对论的精微。这样教法能使学者觉得极简易，极兴趣，又可以得到推演及逻辑的妙用。待到成年就可逐层求深，至于后来就能把数学、逻辑、哲学三个学问并为一途了。

别一方面，数学之所以美，因为它是最能达到"用力少而收效大"的实用。就粗浅说，凡一切声声、色色、事事、物物，都可计划于指掌之中，推用于万里之外，虽极广大的工程，仅用片纸的预算，即细至一砖一石也已纤悉而无遗。就深微说，则音乐谱调，跳舞节奏，以至天籁和谐的精微，宇宙流行的妙趣，都可用极简易的数理去领略，去利用。数学有科学的切实而无艺术的虚无。它有艺术的深妙，而无科学的呆板。故数学不但是学科学者的基本学问，并且为习艺术者的紧要元素。现在有许多自名文学家、艺术家者，糊里糊涂，满纸乌烟瘴气，毫无深入的思想，即犯根本上不懂数学的毛病。

三、美的艺术

艺术与科学是二物而实是一事，乃是人类对于发展上求得一个"用力少而收效大"的扩张力的一种方法。即是在求一个有定则的学理，与一个最精致的手续，以期于最经济中而得最大的出息。其不同处，科学方法是从纷纭复杂的现象中而求出一个系统。以后遂由这个系统的定则去统治一切在这个系统的事物，故其事极省而功用极大。至于艺术上，乃由一己先求得到一个极简单的标准（主观的定则），而后由这个标准，演成一个整个而极繁杂的系统，故其事也极省而功用也极大。

凡艺术必要职业化、科学化，然后艺术不失于空无与杜撰。艺术而职业化，虽是"匠人的艺术"，但极有裨益于生活。我人研究艺术的目的为何？不过在使我人生活上成为艺术的、美丽的生活而已。职业化的艺术就是"人生的艺术"。自衣食住至一切的物品器具，以至一切的消遣，皆是艺术化，这样生活何等快乐，何等美丽。其次，艺术也要科学化，然后艺术于学理上才有准绳，而实用上才能普及。有影相学的发明，而后图画术的范围愈广；有留声机的成立，而后音乐的为用更大。"以艺术为艺术"好则好矣，惜终不免于太过虚玄缥缈的弊病。若"以科学为艺术"则艺术的色彩——因有科学为根据——倍加准确，其意义倍加浓厚，其感人处倍加深微。因为它是"人的艺术"，所以人能够懂得它。故我敢说"以艺术为艺术"最好的也不过为文人雅士的消遣物，终不如"以科学为艺术"较有精致的功夫，更不如"以职业与科学为艺术"，尤较为有人气的作品！（现在有许多自名为艺术家，于极粗浅的科学常识尚且不知，无怪做起诗来是打油诗，绘起画来是初民画。泰戈尔来华的成绩，我辈可以逆料其必生出许多不通的诗子诗孙！）

艺术可分为"人生艺术"与"纯粹艺术"二种。凡一切人类的生活：如各种工作、说话、做事、交媾、打架等等皆是一种艺术。若看人生观是美的，则一切关于人生的事情皆是一种艺术化了。现仅从艺术的狭义说，即是"纯粹艺术"，约分为六项如下：（一）音乐，（二）建筑，（三）诗歌，（四）雕刻，（五）图画，（六）跳舞。就实用上说，建筑为最重要。其感人深处则莫如诗歌。而其传神的巧妙又莫如雕刻与图画。至于跳舞，乃合动的音乐诗歌和静的图画雕刻为一门，似应列为艺术的上品。实则以上所说的五项艺术虽各有专美，而终不如音乐的美丽。音乐是艺术中的最美者，它比诗歌更能打入人深微的心灵。它不仅如跳舞能颤动人的身体，并且能激起人的精神。它不但似建筑只能建筑数十层的高屋，而且能建筑宇宙的大观。它的音中有图画，调中有雕刻，谱中有一切变幻不测的风景，离奇无常的情怀。它能模仿鸟鸣、风号、流泉泠泠、波涛澎湃。它是最科学化的艺术，因它是含数理的最深微者，仅靠其音浪的长短急缓，而使人不知不觉领略于心弦之中，竟把自己遗却于形骸之外。它又是最职业化者（即最实用），人人皆知移风易俗，莫善于音乐，变更性情，陶养德性，也莫善于音乐的这些大作用了。故音乐是一种用力最少而收效最大的艺术。

以上三段，乃从职业、科学、艺术三项的组合上去研究，而我以为必要如此，然后职业、科学、艺术，于理想上才是美的，于实用上，才是"用力少而收效大"的。必三者合一或互相关联，然后学职业者不是一个不学无术的工人，乃是一个工程师，并且是一个审美的工程师，他对于所做的职业乃依科学的定则与艺术的技能，以成就他最有利益与最具美趣的工作；其习科学者，必是科学家，又是哲理的科学家，他对于一切纷纭的外象，自能得到一个有系统的定则，并且他对于百科的定则，自能得到一个极美丽的概念，而使万殊为一贯的作用；其习艺术者必是一个极高尚，极实用，又极理想的艺术家，他能使艺术的应用普及于社会，而又能使艺术的理想，向上继续去提高。

实则，职业、科学、艺术合一之后，不但于知识发展及物质出息诸方面得到极大的利益，而精神的方面更能得到极大的效果。现时做职业、科学、艺术的人，多视为一种痛苦的事业。若使这三者合一之后，则职业、科学、艺术皆为一种美品，即是一种娱乐品，那么，以后人们必看这三件事为极快乐的物了。例如农事在今日为极苦了，但使我们以科学与艺术的方法去经营，则田畴山野间大有我人行歌啸傲的余地。景况清幽的乡间生活，又可为我们研究高深学问的处所了。故我在上说农业的生活为最美丽，因为它是最科学化与最艺术化，所以它是一种最娱乐的事了。他如学界以及工、商、官、军各界，如能各使为科学化及艺术化，同时也各自能成为娱乐的职业，不过终不如农业的完全罢了。以此推之，一切科学如能使各为职业化及艺术化，则无论何种科学，皆为我人的娱乐品，而能给我人无上的愉快，但别种科学，终不能如数学能够给我人那样多。又一切艺术如能使各为职业化及科学化，则无论何种艺术，皆为我人的娱乐品，但音乐一门所给我人精神上的愉快，自然更非他项艺术所能比。故我的理想，是使我人所任的职业，所习的科学，所做的艺术，皆成为一种娱乐品。而最好不过的，是于职业中任农，于科学上学数理，于艺术上习音乐，那么，精神的愉快与物质的娱乐，皆能达到于极点了。待我在下节再把娱乐的道理更深细些说一说，希望对于"工作即娱乐，娱乐即工作"的意义上更增加了许多明了的解释。

第四节　美的性育、美的娱乐

我前说人类扩张力可分为五方向。其第一类已在上节说明了。在本节上所要说的为第二类，即性育与娱乐。因性育不过是娱乐的一种，故我并合起来做一类讲。

自来学者都说娱乐是一种奢华品，其大意是："当动物身内气力充足时，若不发泄于外，觉得极不痛快。所以禽兽有交尾的时期，人类有婚姻的需要。即如猫狗有时逢场作戏，乌鸦朝暮团聚噪聒有如谈话，推而如人类的各项玩耍与各种艺术的发展，如雕刻、诗歌、音乐、跳舞等等，都不外是一种奢华品，究之于人生上无多大的作用。"但我在此层上和向来学者所主张大不同处，乃在承认娱乐是一种至有用的扩张力，不是一种无谓的消费力；别一方面，又在承认娱乐乃一种有益的工作，不是一种奢华的消耗，现当稍微说明于后。

第一，娱乐是一种至有用的扩张力，不是一种无谓的消费力。因为人于衣食住与职业等的使用如得其法，则常得到一个强健的身体而其中有许多积存的储力，若不用出，这个羡余的储力依物理学的定则，有如气、烟一般，必在身内乱撞混闹。又因化学的作用，这些储力既已无次序的乱撞混闹，就要化成变性的毒质如发酵一样的糟气，遂使满身起了刺激的痛苦，所以人总要把它排泄出去才愉快。但排泄的方法自然以娱乐的方法为最佳。因为以娱乐的方法排泄出去，不但不觉其痛苦，而反觉得其快乐。这个快乐，一面是消极的，即使那些胡闹的气力消灭于身内；一面又是积极的，即因身中既无这样内贼扰乱的痛苦，然后精神上才能安心做事，所做的事才有条理与极深的造就。自来学者都从消极方面看娱乐，所以说它是奢华品。殊不知娱乐的真义乃在积极的方面。它的作用是在引导一切的储力不要相冲突，好好地从最便利的方向扩张去。它是一个最精良的引导人，有它，而后一切的扩张力，才能认识好的路程呢。（看《西厢记》下段所说，就可见出不能达到爱情娱乐的男女那样不会使用储力了："一个价糊涂了胸中锦绣，一个价泪揾湿了脸上胭脂；憔悴潘郎鬓有丝，杜韦娘不似旧时，带围宽清减了瘦腰肢；一个睡昏昏不待观经史，一个意悬悬懒去拈针黹；一个丝桐上调弄出离恨谱！一个花笺上删抹成断肠诗；一个笔下写幽情，一个弦上传心事，两下里都一样害相思。"）

第二，娱乐乃一种有益的工作，不是一种奢华的消耗。这个怎么说呢？诸位也尝听做苦工者与工头的歌声相唱和么？这样唱歌既可生膂力，又可减痛苦，和那些樵夫、牧子及采茶娘在山间苦闷唱山歌时有同一的作用，故我意将来社会上的好组织及个人上的好创造，都要把一切的工作及行为全做娱乐化的。那时"工作即娱乐，娱乐即工作；行为即娱乐，娱乐即行为"，这样的工作何等快乐！这样的行为何等有趣！并且以娱乐的方法去做事，觉得这件事是我心中所乐意做的，自然所做的有无穷的生气与宏大的作用。司马迁的《史记》，李杜的诗歌，以及古来许多美丽的艺术，神奇的宗教，皆由其人乐于把胸中的积蓄发泄出来，所以成为千古不朽的创造品。反之，凡不以娱乐的方法去发展储力总是无多大出息的。学生为分数上课，丫头被强迫做工，其效果与那些姐儿假意听泰戈尔讲演——底里是看奇怪——所得的同样浅薄！

总之，由娱乐而有精神的愉快，由精神的愉快而后精神上才能产生极大的功能与极美的成绩。由娱乐而得身体的痛快，由身体的痛快，而后物质上的使用才能得到恰好的位置与出息的丰多。故娱乐是使精神与物质的本身上得到最美丽的享用，和精神及物质的出息上得到"用力少而收效大"的功能。就一方面说，由娱乐而使一切储力发展上得了一条最好的方向。就另一方面说，由娱乐而得了扩张力上最有出息的效果。以下我们所说"美的性育"就是第一面的意义。后头所说"美的娱乐"乃从第二面去发挥。

一、美的性育

我上说性育本是娱乐的一种。但因它在娱乐中占了特别的位置，故不能不特为提出来讨论。美的性育的养成，依我意见应分为四个手续：（1）儿童时期，（2）成年时期，（3）交媾的意义，（4）"神交"的作用。现分别论之如下：

（1）在儿童时期，即在情窦未开之前，男女儿童最要使常在一处娱乐。竹马相过日，此时彼此天真烂漫，以养成一种兄弟姊妹的亲爱，免至因两性分别太严的结果而至于涉入邪僻的心思。此时即当教示他们一朵花的雌蕊雄蕊的构造与意义，使他们知道这两个雌雄蕊便是他们两性的机关一样。到这些花蕊成熟时，就有了花粉，好似人到成年后就有精液的发现，这两样花粉合成后（即交媾）就生了果子（即胎儿）。务要对儿童解释这些事情是极普通无奇，并要向他们说如花蕊无粉，或花粉未成熟时，就使它们互相接触，则花蕊必至枯萎，花丛必大损害，这个好似男女太早结婚，或太早交媾一样，能使人有衰弱病死的危险。故交媾必待到一个最适当的时期才可举行。

（2）一到成年，男女的情窦初开，实为危险的时期了。此时他们受性欲的冲动好似禽兽一样的纯任自然所指挥。西谚说："爱情是盲目"，即是这个道理。指导人最要在使男女知道人类生殖器的构造与生理的关系，及交媾的意义与精神的关系确实在何处。即是：一面使他们知道生殖器的构造此时尚未完全可以适用，精力尚未满足，身体尚待发展，若纵一时的性欲，势必使生理上留了后来无穷的患害。一面，又当使他们知交媾的意义原是一种极普通不神秘的事情，两性恋爱的快乐，乃在精神上的愉快，不在肉欲的接触。但这些理论有时不独不能遏止男女的欲性，而且激起他们的好奇心。故至好的方法乃在事实上的制裁。利用他们初发展的扩张力于种种有利益的事，如运动、操练及为社会服务等。如能照了上面第二节所说的锻炼法做去，使身体有继续劳苦的运动，则壮年精力有所发泄，自然免为性欲所扰乱。另一方面，于精神上如功课、艺术、科学等等的勤攻，自能把妄念消灭于无何有之乡。身体的困劳，精神的分驰，日间有许多事可做，夜里自然跌倒床上就睡了。这些方法自然是极好不过的。希腊神话说："猎神是爱神的仇敌。"因为既从事于畋猎，身体疲乏，性欲自然是减灭了。由此论之，要使壮年男女改变性欲的冲动而为别事的发展，惟有使他们驰骤于匹马旷野之中，游泳于大海风涛之内，或执有一定的职业，或学习一喜欢的艺术，这些都能驱逐情魔于身体及意志之外哪。（手淫及嫖妓的弊害也当用事实指示与他们看，如带他们到花柳病院看染毒者的痛苦呼号之类。)

（3）论及男女交媾的时期自然愈迟愈好。男子总要等到三十岁间，女子约在二十岁，才为成熟的交媾时期。愈能迟缓其生殖器的接触，愈能增进男女彼此浪漫的才思，热烈的情怀，但彼此的相识上愈早愈好，男女社交愈多与愈公开愈佳。因相识久而深知彼此的性情。因社交公开而使彼此对于对方均有一种被人夺去的恐惧心。而由这样的竞争，交际场中男女可以得到情爱与美感角逐上最好的机会与最良的结果。论起装束，女则袅袅婷婷，男则齐齐整整。外貌的美观尚属小事，性情随此而变化，其影响上更是非常之大。大抵，男女要求对方的欢爱，热诚倍加炽烈，牺牲的精神格外提高，贪吝的变为慷慨，自私的变为博爱，粗暴的改为善良，欺伪的成为笃实。凡在这样竞争社交上，女子好似花神，须有护花人的珍重爱惜，始许香火供养，才有福分消受。男子又似一个护花使者，对于众花卉不肯半点轻狂，必是瑶池佳品，始肯着力栽培。由是男要女欢，不得不把自己人格提高，名誉增进。女要男悦，又当要德容修饰，仪礼周详。两方鼓荡互相劝勉。彼此结合纯为一些高尚的条件：或爱其美德，或慕其品性，或重其智识，或悦其技能。至于肉欲倾向，势利贪恋，父母之命，儿女观念诸端，必视为不是结合的要素了。两方上既由这些高尚的条件而结合，则对于所爱之人不会为盲目的冲动，而为有目的的要求了。男女彼此间必择其所希望的条件最完善者，然后才肯认他为终身的伴侣了。因有条件的比较而情爱可以变迁，因变迁，一面不能不时时刻刻去创造，才能得到爱情的保存，这就是"爱的创造"的真义。一面，因变迁，则情爱自然是时时刻刻去进化，才能不至于失败，这就是"爱的进化"的妙谛。我尝主张这个道理而受了社会许多的误会。我才知道现在尚有许多人不知男女恋爱上的"爱的创造"与"爱的进化"的意义！

（4）以上三段所说的仅为美的性育的旁面。

在本段上应进而讲求"神交法"的真义以解释美的性育正面上的妙用。我在上说［第一章第一节二饮食（乙）］："凡看做兴趣品用的，则一切物皆有益；若看做需要品用的，则一切物皆为负累。"今以食说，食为人类生存不可少的需要，但当"为食而食"的时候，则觉食已无聊，甚且而有害了。我又主张"内食法"，即看食不是一定需要的事，有时且能不食而可生存，兼能产生极大的出息。食之一事，骤然看来，似乎不能缺少，而今竟能使它成为可有可无间之事，又能指挥它为我们所利用了。那么，性欲一事与我人的关系原不比食物的一样需要，自然更易使它成为可有可无，又更易使它为我们所利用了。我先声明我不是主张禁欲主义，但我要研究如何免如世人的一味乱射精，又当讲求如何用至少的精力而能收到最大的效果。用我"神交的方法"，即能一方面得到性育的真义，<u>不在其泄精而在其发泄人身内无穷尽的情愫</u>；另一方面，又能得到男女交媾的使命，<u>不在生小孩，而在</u>

其产出了无穷尽的精神快乐。今把这二个意义分为二层论列于下：

（甲）性育的真义不在其泄精，而在其发泄人身内无穷尽的情愫。这个理由是因为泄精乃一极无谓的事情。泄一次精则神疲气衰，愈多泄精，则或至少病痛而死亡。故泄精乃一用力多而收效少的恶果，并且它仅对于一人一时的发泄，其范围甚小而时限甚短。我今所提倡的"神交法"即与这样泄精立于反对的地位。它是用力少而收效大的，其所及的范围甚广而时间甚长的。"神交法"精而言之为"意通"，粗而言之为"情玩"。我今先说"意通"罢。这个不是《红楼梦》所说的"意淫"，宝玉也不配说是意淫之人。他不过是淫污纨绔的一蠢物，正如《红楼梦》所说："尘世中多少富贵之家，那些绿窗风月，绣阁烟霞，皆被淫污纨绔与那些流荡女子悉皆玷辱。更可恨者，自古来多少轻薄浪子皆以好色不淫为解，又以情而不淫作案，此皆饰非掩丑之语也。好色即淫，知情更淫，是以巫山之会，云雨之欢，皆由即悦其色，复恋其情所致也。"究竟，宝玉的意淫乃是假的，他也不过"如世之好淫者，不过悦容貌，喜歌舞，调笑无厌，云雨无时，恨不能得天下之美女，供我片时之趣兴，此皆皮肤滥淫之蠢物耳"。况且《红楼梦》也不能解释意淫是何物，仅说"可心会而不可口传，可神通而不可语达"而已。我所说的"意通"比意淫的自然更高尚，即是于亲爱的人相与间，原不用着肉体的亲藉，即能满足性欲的快乐。言语、动作，以及一切表情之间，都能使用爱者与被爱者销魂失魄。妙眼相溜，笑容相迎，神色上互相慰藉，这些快乐都是无穷尽的，竟非交媾所能比拟于万一。这样"意通"不止限定于人类，因为它无物质上的限制，凡遇可以神交的物都可用的。囊琴一张，可以调出万端的情愫；素画一幅，内有无限的浓情艳意，尽在于不言之中。泉音潺潺，燕语喃喃，以及那些自然的情声都能给我人听之不尽，赏之不竭。甚而见云霓的缥缈，恍若神女的相迎，看月下树影的迷离，似是花神的临降，宇宙间的情物，最是使人如在山阴道上应接不暇哪！故善用神交法者，无往而不得到"意通"的真义。它的范围甚广大，而用力甚少，但其收效则极大，因为它不用劳形疲神于泄精的耗费，而且得此游神于六合的妙境，领略最高尚的情怀，与极深微的艺术。自来佳人各士于春花秋月的寄托，上天下地的描摹，都是这个意会与神通的作用的。别一方面，就神交的浅义说，是为"情玩的方法"，即使男女只用游戏、玩耍，甚而至于亲吻、抱腰、握乳，都是免于交媾，而能得到性欲的满足。以游戏说，如聚合一群的男女作种种的玩耍，彼此上都能得到情感上的安慰了。（我尝在法国一海岛过暑假，其时有青年男女数十人，日则于海中游泳后在沙面上做捉迷藏，或于石头间行种种游戏，夜则于山坡中玩各类的耍法。我敢说数个月的聚合，两性间都是清白身，而究之实享人生未有的快乐。）以亲吻说，热烈烈的嘴唇互相接触后，其电力直透于生殖器，即觉得一缕情魂自顶至踵流去了。互相抱腰的亲爱，更能表出彼此的热情。至于乳部的神经与生殖器的原是互相关联，若温柔的手心安贴在乳部上，有时所享受的情感，更不是交媾的所能及了。

（乙）我们现当提上头所说的"男女交媾的使命，不在生小孩，而在其产出了无穷尽的精神快乐"这个问题了。当男女到万不得已而要交媾时，应当看做男女的二个肉体与二个灵魂并合成为一整个的妙用，切不可效那登徒子纯为肉欲的消遣，及效那专为祖宗求多子孙的中国人无意识的行为。故第一要紧的：四十岁前的男子，三十岁前的女子不可有孩儿。男子射精已是太无聊的事情。女子产育，更为无穷大的牺牲。逆产而死者若干人，由产育而生子宫病及别种病者更不乏其人。几月胚胎的痛苦，数年鞠养的劬劳，故大都美人似的妇人于产子后一变而为丑恶的母亲；柔情缱绻的良妻，一变而为情爱不专的伴侣了。故我敢说要享夫妻的幸福者切不可有儿子。而要其妻有好身体及保存其美容者更不可令其生产。我今改唱这两句诗以相劝："美人自古如名将，不许人间见儿孩！"论及避孕的方法甚简单，乃是用海绵球遮子宫口，于射精后，抽出绵球即刻用"阴户洗具"（药房出售）将温水洗涤膣内，既可得到生殖器的卫生，又可得到无精虫的作孽，所谓一举两得，事半功倍。（我于三年前看见我国人猪狗似的繁育，为父母者仅知射精受孕，无教无养，以致孩子男成为盗，女变为娼。那时尝极为提倡生育限制法，大受社会的咒骂。不一年间美国山格夫人来华提倡同一的论调，前时骂我的报纸者竟一变而为欢迎山格夫人的主张了。实则我的学理比山格夫人的高深得多。但我被侮辱，伊享盛名，所以不同的缘故，因为伊是美国的女子，我是中国的男人！）

可是家庭有小孩，如能养育得好，确是父母的乐趣，也是人生应尽的责任。但须父母到极强壮的时期，与有良好的身体后才可产生。又要各量其力确能使多少儿女得到极高的教养程度。而后去定其产生多少的数目。如因要小孩而交媾时，当于山明水秀的地方，惠风和日的时节，在自然的中间，青草之上，大峰之下，上有白云的缥缈，下有流水的潺鸣。大地是洞房，树影为花烛，乘兴作种种欢舞高歌的状态。如此情景，男女彼此所享受的不仅是肉体的快乐，而且精神上的和谐几与自然相合一，宇宙相终古了！如是而生的胎儿，不是英雄，便为豪杰，其下的尚不失为泰戈尔及拜伦之徒，断非我国的诗子诗孙所能望及了。（精虫与卵珠的活泼生动，自然可得强壮乖巧的胎儿。这样胎儿便可望后来为非常人物了。参看第二节"新的优种学"一段上。）如必要在房屋时，则其交媾的房帷，当竭力安排得美丽清洁。总之我想当交媾时，当要求交媾上极端的乐趣。这样交媾，才是为"兴趣而交媾"，不是为需要所强迫，而后才能使肉欲的变为精神的快乐。这样交媾，则一次可比俗人的千万次的快乐，如要小孩，也极易达到受孕的目的。这个可说是最美丽的和"用力少而收效大"的交媾法。

美的人生观

至于俗人的交媾乃是白丢精，无精无彩的如吃苦瓜一样。这样交媾太苦了，又太丑了。合起千万次来总不能比上头所说的一次的快乐。成年里，身子的底下泄了冰凉水湿一大摊精，终不能得到一个胎儿，即使得到也不过是一个傻瓜！

由上说来，美的性育有二意义，一是做极少的交媾，并且要使交媾时变肉欲的快乐为精神的受用。二是利用性欲的精力为一切思想上、艺术上，及行为上的发展。由这个"性力"的冲动而后所产生的思想，才能精深如柏拉图的哲学，美妙如但丁的诗歌，慷慨淋漓的如欧洲中世纪骑士对于妇女拥护爱惜的行为。若无这个"性力"的暗托，其思想必薄弱有如中国的儒家；其诗歌必矫作好似应试卖文的诗人；其行为必枯燥不情有如佛家的僧尼。美的性育的使命在使性力变为最有出息的功效，我今特别地名这个为"精变"，即是一切最宏大的事业皆由一种变相的性力所造成。"精变"的效用甚大，只要一点精力就能生出惊天动地的事业来。至于淫荡的人乃是把身内储力变成为精液,这个是"变精"不是"精变"了。美的性育即在教我人如何得到"精变"与避免"变精"的一个好方法。

二、美的娱乐

我前说美的娱乐乃是一种有益的工作,不是一种奢侈的消耗。即以性欲说,它若是娱乐得法就能使其为"精变"的作用,则其利益为无穷了。推而论及别种的娱乐皆可使它为美的娱乐,而由此得到"用力少而收效大"的工作及行为的好成绩。

美的娱乐除性育外,其方法甚多,现概括为下列三类。

(1)野外运动、散步、旅行、冒险等的作用。这些娱乐皆能求到一个壮健的身体,愉快的精神,及养成各种良好的知识与志愿。野外运动一项。我已在美的体育一节上说及,今姑从略。散步虽属细事,但于幽胜的地方时时行之,可以养成富于领悟的心思。康德的高深哲学，可说是成就于每日准时准地的散步。昔威尔逊当总统时，遇有难事待解决者，则乘汽车到城外旷地且行且思，这个方法也好。说及旅行，其为用比较散步的更大。我三年前在日本阅报，使我最感动处，在关于许多学生暑天旅行各山脉的记载，其旅期长的有至二十余日者。回想我国学生于暑假仅知归家抱妻子，真堪愧死！今后各人应当就地方之所近，认定一山脉或一水源以穷极其究竟。这样旅行既可锻炼其身体，又可得到地理与风俗上的知识，并且可以发现许多幽奇的古迹，明媚的风景，以及一切的富藏。故一次旅行胜读一年书。做了数次有系统的长期旅行，就可得到终身实在的学问了。

可是，美的娱乐中以冒险为最有趣而且能得到极大的效果。凡非常的事情及非常的功业自然要以生命去相搏才能得到。冒险的乐处，除了得到活泼的精神及精密的心思外，尚能得到快乐的死法。人生最看不破的是死的关头。而冒险的人觉得死是快乐不是痛苦；死是可玩耍，不是可害怕；死是自己乐意的，不是受外界的指挥。当他冒险时，步步觉得有死的可能，但步步觉得快乐，因愈近危险的境域，愈能得到所期望的目的，故愈觉有死的可能，而心中愈觉其快乐。所以他人则以死为苦恼，而冒险的人则以死为快乐了。凡能以死为快乐，则天下事无不可办了！我常说人生本来是冒险的，做今日的中国人更是冒险：公共卫生不讲求，满天中飞扬了各种杀人的微菌，抵抗稍疏，立即死亡。况且政治不好，军士盗贼充斥国中，我人的身家性命皆是危如累卵。可惜这些冒险，乃是听外界的命令来操纵我人的生命，这个自然极不值！最好是由我人自动的抱定一个极有价值的冒险：或为社会改革家，或为学术建设人，总当本牺牲生命的精神，不屈不挠无畏无求的态度做去。事如能成更佳，不成，也已得到死的快乐的报酬了，总比床头病死，或郁闷自杀的死法高强得多呢。

（2）艺术上的游戏。这类的快乐比第一类的稍偏重于个人的情感上头。情感的养成本极困难，书籍与教导皆无效力，惟有从娱乐中去寻求而已。游戏的种类甚多：有表情的游戏，如舞蹈唱歌等；有玩耍的游戏，如捉迷藏、斗草等；有自然的游戏，如于旷野海边结队做种种野外娱乐等；有俱乐部的游戏，即各种有艺术性的俱乐部的组织。现仅就这末项来说明吧。俱乐部的名目已被我国人践踏够了——赌博娼妓之所，牛群狗党之地，都挂了俱乐部三字的招牌。究竟俱乐部的真意义乃是练习情感最好的地方。于其中有击剑的，武技的，有音乐的，跳舞的，有诗文的，有雄辩的，有政治上各种目的而组织的。合了一班道同志合之人于娱乐中而养成各种好情感，以为将来办事上的准备。例如击剑武技的以养成将来尚侠气重信义的英雄。音乐跳舞的可为将来歌舞场中的改革家。诗文雄辩的，希望造就一班文学家与演说家。为政治的目的而组合的，可以产生后头一班改革社会的人物。这些俱乐部皆是最紧要，因为有尚侠的国民，然后能疗治这个麻木不仁的社会；有歌舞的艺才，然后能改革现在这样野蛮的剧场；有诗文与口才的社员，然后才能移易了那些不文非诗与讷讷的国民性；有社会的改革家，然后能救拯一切黑暗的政治与腐败的风俗。总之，以俱乐部为制造国民情感的大本营，有情感的人物才能做成大事业。故要使将来办事者皆有热烈的情感，与社交上皆有友爱的气象，须当于俱乐部中先养成其有情感性。本来好家庭、好学校与好社会的组织必是一种娱乐化的俱乐部。但现在的家庭学校及社会既如此冷酷不仁和种种无兴趣，所以我们惟有从俱乐部组织起，创造将来许多富有情感的家庭人、学校人及社会人。

（3）社会上的娱乐。这层的娱乐比以上二层更为重要。好的社会是娱乐化的，是使社会上一切人皆熙熙乐乐有如朋友的相亲爱。这个希望的可能，惟有从社会的娱乐法去造起，而其中最重要的为节日。我国现行的清明、端午与中秋等节日极好。清明，是当草木发长之时，因此令人想起了追悼可爱的死者的心怀。我尝于清明日上山,见人哭泣,未尝不与他们掬了同情的泪。哭有时也极快乐的,痛痛快快大哭一场,其乐实在不可思议。端午竞渡,也大有趣。中秋,明月当空,极有美感。这些节日都与社会风俗上大有关系。我意谓节日能取其有意义与富美趣者愈多提倡愈佳。(例如冬节,过旧年等节皆属无意义,当废止。)又当使社会上起了一种普遍的感动,如法国共和纪念日一样的热狂,不似我国共和纪念日那样的萧条才好。(要使群众对于节日有普遍的热烈感动,须当每地方有一极大的公园与公所,使众人于其间作种种跳舞、唱歌、音乐、聚餐等的表情。)节日愈多,使社会上起了一种同情同感的亲爱,发挥众人共乐的兴趣,与一种同仇的义气。社会的心理原是复杂的,惟有节日能使它统一。社会人类原是分散的,惟有节日能使它聚合。就其复杂及分散说来,社会是毫无力量的。但就其统一与聚合说来,群众的力量是无穷大的。这个无穷大的群众力量及社会上一切的生趣，都是靠节日以生存，你想节日的关系大不大？故节日的娱乐是极美趣的，又是"用力少而收效大"的。那么，提倡有意义的与具美趣的许多节日——一月至少要数次——当为社会改革家最当着意的一事了。他如比赛会、博览会，及种种的展览会：如禽兽、花木、书画、古董等等的展览；美女、壮儿、康健长寿的老人，及膂力过人的壮年各类的比赛；余的，如职业，商业等的各种广告术，也须注意从美术方面去提倡，这些皆能增多社会的娱乐，与提高群众的同情。

由上说来，娱乐的真作用是锻炼个人的身体，增长个人的知识，又是提高团体上的兴趣生活（俱乐部作用等）与养成社会上群众的同情心了。以锻炼为锻炼是苦恼的，以知识为知识是枯燥的，今以娱乐的方法出之，这样锻炼何等痛快，这样知识又何等生动呢。尚有二事，更难用别法去生长者，即个人的兴趣，及群众的同情。我尝想除了娱乐法外，无论用如何方法总不能使个人生兴趣，及群众起同情。例如我国现在个人的生活可谓"兴味萧然"极了,群众的心理可谓"痛痒不相关"极了。这个即因我国无公众娱乐的缘故。军律的凶暴,政令的威严,惟能使人畏而不能使人爱。名誉的引诱,金钱的贿赂,惟能使人羡而不能使人敬。惟有娱乐能使人互相亲爱互相敬重,这就是它的大作用处。由一人的娱乐,而使一群生欣悦;由数人的娱乐,而使全社会皆大喜欢;由一时的感动,而能留为一生的纪念;这就是娱乐上"用力少而收效大"的成绩。由一人身中极混乱胡闹的储力,而使成为惊天动地的大功业、大文章、大道德,这就是娱乐的最美丽,与娱乐的人所得到最大的兴趣。我前说:"娱乐即工作。"我今敢说,惟娱乐的工作才有大出息和大作用。至于嫖妓、赌博、饮食的征逐、酬应的麻烦,这些简直不是娱乐,恕我不去论列了。

本章到此已结束。自衣食住至娱乐等关于美的意义,与"用力少而收效大"的作用,皆从科学方法上去创造。我自信这些皆是极确实可靠的创造法。只要人能依其大纲做去，一定可望得到相当的成绩的。下章为哲学的创造法，自然比第一章所说的较艰难些，但我们则极望读者于下章所得到的兴趣也比前章的较多些。

第二章

总　论

本章与前章所说的不同处：前章对于人生观是用分析的方法去研究，本章则专在综合与整个上做工夫。前章是用科学方法的，本章则用哲学的眼光。可是，分析与综合，科学与哲学，不是根本上的差异，乃在进行上的手续不同而已。人生观，一方面是当用科学方法去分析，一方面又当用哲学的眼光去综合，然后才免堕落于神秘或陷入于粗俗的毛病。我尝对于"爱情"一问题说它是可用科学方法去分析的,因为我们可以求出爱情的条件。但爱情也是"哲学的整个",因为我们从主观上把那些条件做一块儿看去,自然是似乎无条件可以分析了。我今再把这个爱情问题稍微详说于此,以为人生观的问题上做一个举例。我意谓人们所叫做"无上神秘"的爱情,乃是由一些条件所组合而成的。由一种各不同的条件所组合的结果,而可断定它必生一种各不同的整个爱情(因爱情是由条件所合成的,所以由条件组合上的不同而可以有无数个的爱情)。倘使人们知道理智上固有逻辑,情感上也有逻辑,理智情感组合上尚可有逻辑,那么,爱情纵然如世人所说的全部情感,尚有情感逻辑上的定则。但我意,爱情不单是情感的,它是由情感和理智所合成为一个整个的——如孔、墨、释、耶的救世热诚,谁能说他们全为情感所冲动,毫无理性的作用呢?由此说来,人生观的定则,比普通科学的定则较为繁杂,即是人生观上常把情感与理智组合成为"整个作用"的缘故。所以身当其事的人无不自以为神秘或直觉的了。实则，苟能从客观上去观察，又苟能把这个"主观的整个"的现象考究起来，自可得到它有分析上的条件，因为整个的对面，即是由条件所合成的；因为主观上虽有整个的作用，但这个整个不是神秘的，乃是可分析的。不知这些理由的人，遂致闹出下头三项的误会：

（1）有许多人不知整个与神秘的分别，所以误认主观上的整个爱情为客观上的神秘性质。

（2）原来主观与客观的作用本不相同，若把客观的误做主观用，遂致生出了梁启超先生及谭树檖君诸人的误会。例如，梁先生若知恋爱必先有"理智"为客观的背景，然后才免"令人肉麻"的理由，就不会有"假令两位青年男女相约为'科学的恋爱'岂不令人喷饭"这些话了（参看1923

年5月29日《晨报副刊》梁先生文①）。又使谭君若知"条件"是客观的事实，"直觉"乃主观的作用，当然不致把我的条件，误做他的直觉去了。（这从答复爱情定则的讨论摘出的，参看《晨报副刊》1923年6月22日。）

（3）"整个"在主观上的作用，与"分析"在客观上的意义，彼此虽则互相交连，但各有各的特别位置。好似整个的水，虽是与分析时的氢氧二气相关系（因为水是由氢氧二气所组成的），可是，水整个时不是氢氧，与氢氧分析时不是水，同一理由。推而论之，人生观上的一切问题，例如以

---

① 梁启超的这篇文章题为《人生观与科学》，是参加人生观问题讨论的。1923年2月，张君劢在清华学校作题为"人生观"的讲演，并在4月2日的《晨报副刊》发表，认为人生观有不同于科学的特点，人生观问题的解决，"决非科学所能为力，惟赖诸人类之自身而已"。4月3—5日，丁文江连续在《晨报副刊》发表《玄学与科学》的文章，对张氏的观点提出异议，认为人生观要受论理学的公例、定义、文法的支配。梁启超、胡适、陈独秀、吴稚晖、张东荪、瞿秋白、孙伏园、张竞生等纷纷发表意见，从而引发"科学与人生观"的论战。

爱情说，在客观上分析的条件，自然与在主观上整个时的现象，两者完全不相同。但是人们不能说这样的整个，是神秘的不可分析的。因为它既由条件所合成，自然是可分析了。因为这样的整个，既是由条件所合成，那么，从它所组合的条件上，就可以见出它的整个性质是什么，与它的作用有何种意义了（当然从普通的经验上得到）。若有不知上头这样的区别，一方面，就不免误认整个为分析，分析为整个；别方面，又不免误会了整个与分析彼此上丝毫不相干，所以闹出张君劢、丁在君诸先生对于人生观一问题打了一场无结束的笔墨官司！（张君的主张整个不可分析，与丁君的主张分析不能整个，皆是偏于主观或客观一端的见解，我想，还它整个与分析各自的位置，又承认它彼此有互相关联，这才是从"全处"看。）

总之，以客观的爱情定则作为主观上用爱的标准，原无碍及于客观上条件分析的方法，与主观上爱情整个的作用。并且，人苟能以定则为标准，作为主观的指南，自然对于所爱的，才能爱得亲切，爱得坚固，爱得"痛快淋漓"。例如人人有耳会听，惟知乐理的人才能"知音"；人人有目会视，惟知画法的人，才能"悟景"；我也敢说：人人本性能色，惟知定则的人才晓"爱情"。至于一味凭直觉的人，上者，不过于情上领略些迷离恍惚的滋味；下者，则无异于牲畜的冲动。青年男女们！你们如不讲求爱情那就罢了。如要实在去享用真切的完满的爱情，不可不研究爱情的定则，不可不以爱情的定则为标准，不可不看这个定则为主义起而去实行！（即爱情是有条件的，是比较的，可变迁的，夫妻为朋友的一种的"爱情定则"。）

我以为一切关于人生观的问题，都当照上头对于爱情问题所解释的去解决。即一切事皆要有科学的道理明明白白地去分析，这样才能得到头脑清楚学问高深的人物。别一方面，又要凡事以"哲学的整个作用"做去，然后才能养成一个系统缜密的心思，与精细刚毅的行为。我常说科学与哲学是相成相助的。不是彼此冲突的（参看下面"美的思想"一节）。明白这层就能看出这第二章所说的与第一章所说的其中实有一气互相联属的线索了。

本章所说的全系综合的研究，不是去做分析的工夫，应请读者留意。这三节的细目是：

（1）美的思想；

（2）极端的情感、极端的智慧、极端的志愿；

（3）美的宇宙观。

第一节　美的思想

怎样能用最少的脑力而得到最多的思想？怎样使许多的思想得到一贯的功效与万殊的应用？我今提出这个"美的思想法"，就是希望用它来解决这些问题。

这不是科学方法，也不是哲学方法，能使我人得到美满的思想的，唯有从科学方法与哲学方法相合为一的"艺术方法"上去致力，才能达到这个希望。若论现时为人所最崇拜的科学方法，原不过为许多思想方法中的一种，并且是最粗浅的一种呢。凡一切学问的研究，固当从经验入手，于经验之后，自然又要经过一番科学方法的工夫。故科学方法自然是入手求学问时不可少的一种历程。它的价值，即在以有条理的心思去统御那些复杂的现象，而求得其间一些相关系的定则；而它的粗浅处，乃在用呆板的方法为逐事的经验与证明。殊不知世间的事物无穷多，断不能事事去经验，件件去证实，所以科学方法的应用有时也不得不穷。由是思想上觉得极欠缺，不美满，与觉得有别求方法的必要。于是哲学方法遂应运而生。

哲学方法与科学的不同处，它不重经验与证实，而重描想与假设。它用了乖巧的心灵，拟议世间的事物必如此如此。它的长处在炮制由科学方法所得到的材料而为有系统的作用。若无哲学方法的假设做引导，则凡一切所经验的事物势无异于断烂朝报，事虽繁多而无一点的归宿。但哲学方法常不免于凭空捏造，想入非非，究其实际毫无着落的诸种毛病！

就上说来，科学方法与哲学方法各有其利与其弊。要使它们有利而无弊惟有使它们的长处联合为一气。联合为一气，则思想上自然不致陷于科学方法的呆板，与哲学方法的空虚；而且能得到科学方法的切实，与哲学方法的乖巧。至于担任这个联络的使命，则全靠在艺术方法的身上。艺术方法一边是以科学方法为基础，与哲学方法为依归；一边，于联络这二种方法之后，自有它本身独立的效用。譬如：工程师有意于建筑一个美丽的纪念塔。其初则相地，造基，安柱，置盖，在在需用科学的方法，庶免使塔有倾倒之虞。但工程师心目中另有他理想的塔形。举凡砖、石、木、铁，以及一切零碎物件不过为组合起来以达到他理想的目的而已。这个以整个为目的的方法即是哲学方法。至于怎样才能使零碎物件达到他的整个目的，怎样使所用的材料达到最切合他理想的塔形达到最美丽，这全是艺术方法本身之事。简括论之，美的思想，一边是以科学方法为基础,以哲学方法为依归,而以艺术方法为调制;一边则专在利用艺术方法,使脑力上得到最有出息与最大效用。这个调制的功用甚大,自来科学方法与哲学方法常立于反对的地位,即因缺少这个调制的缘故。今后有了艺术方法的调制,则科学方法与哲学方法断不会彼此枘凿不相入,势将如水乳的交融。故艺术方法本身的作用更大,有它,人类的学问才能深造与渊博,才能达到理想与实行为一致,才能提高理想至于尽善尽真尽美的地位。

今为便于叙述起见,我们求得艺术方法居于调制的地位及它自身效能上的作用,大约分为四项如下:

(1) 以情感的发泄去调和理智与意志的方法;

(2) 以组织的作用去协合归纳与演绎的方法;

(3) 以创造的妙谛去炮制经验与描想的方法;

(4) 以表现的效能去贯通零碎与整个的方法。

分开说来,艺术方法的本身是情感的、组织

的、创造的与表现的方法。所谓调和、协合、炮制与贯通云者,乃是艺术方法对于科学方法及哲学方法调制上的作用,今逐端论之于后。

一、艺术方法是以情感的发泄去调和理智与意志的方法

这项的意思是说情感的发泄乃为艺术方法的根源,也即是达到美的思想的第一步,就大端说,科学方法偏重理智,哲学方法则偏重意志。科学方法贵在立于客观的地位与"纯理"的研究。但实际上,任人怎样用客观的方法去观察,究之,其所观察的结果总带有主观的色彩。例如:空间是三积体么?究竟谁也不能知空间是什么!由我们主观所感觉而定它为三积体,或由别种主观的见解而定它为四积体,或无穷积体均可。新的几何学所以能与旧的同具有相当的价值即是此理。推而至于天文、物理、化学、生物及社会学,都是由人类主观上的智慧去审定的。再以纯理说,宇宙中有许多问题非专

靠纯理方面所能解决者,例如:物质可分得尽么?不能么?时间有穷头么?无穷头么?空间有界限么?无界限么?就纯理去解释,正反二面都有道理,而同时都无道理。我们一边可说物质分得尽的;一边,又可说物质不能分尽的。也犹如我们能说时间有穷尽的,空间有界限的;可是,同时我们又能说时间无穷尽的,空间无界限的。这个为什么理由而使人的判断矛盾若此?依我所见:乃因人们对于外界的智识一面倚靠于感觉,一面分权于意志。就倚靠于感觉一方面说,我们觉得物质是可分尽的,时间有穷尽的,空间有界限的。但就意志一方面说,我们又推想物质不可分尽的,时间无穷尽的,空间无界限的。由此可见理智一物,乃是由感觉与意志所变成。当感觉与意志分离时,无怪理智转而成为两可的疑惑物了。就根源说,人类先有感觉而后有判断,有判断而后有理智。就后天说,人类先有意志而后有动作,有动作而后生理智。偏重于感觉一方面者流为经验派的科学家,偏重于意志一方面者流为推测派的哲学家。人们不偏重于此则偏重于彼,以致人们的智慧不失于科学派的呆板,则失于哲学派的渺茫。

然则如何而使感觉与意志相调和?即是如何而使科学与哲学能合作?我想惟有用情感的艺术方法。情感是感觉与意志静止时的结晶品,又是它俩动作时的组合物。由前例说则为"本能"。由后例说,则为"顿悟"。自来论本能或涉于神秘,或流于浮泛。其实,本能即感觉与意志在静止状态时的结晶品。它所以比理智较为硬性与狭窄的道理,即因它是感觉与意志的产生物。故它不是理智,不是感觉,也不是意志,乃是一种静伏状态的情感。例如人有饮食的本能。究之人要饮食,不是起于食物的感觉,与理智的判断,及意志的驱遣。人要饮食好似我们胃里的情感(广义的)的一种动作不得不如此去做的。他如性欲及群居等等的本能,都是一种广义的情感从中主动的。故本能不用学习而能,同时又因学习而变迁。艺术方法于美的思想第一步应用上,即在保存人类的本能,与使本能得到最好的发展。例如保存人类性欲的本能,同时又使它由此扩充两性之爱而为家庭及人类与宇宙之爱,同时又发展它为精神上的作用(参考前面"美的性育"一节)。总之,本能乃是一种藏伏的情感,所以它是最简捷、最美丽的一种思想。

当感觉与意志组合后成为动的情感时,"顿悟"常由此而发生。我人平常的感觉与意志都是互相冲突不能合作,以致互相消灭不能生出美满的思想。幸而有时遇了感觉与意志得到合作的机会,则人们于其时觉得有一种热烈情感从中鼓动发扬。这样情感有如火的勃发,泉的喷涌,无法可制止的。由这种内火的一闪,即现成为一种顿悟。顿悟不是理智,也不是意志,乃是情感的证明:即人于领悟前无论如何去思索总是得不到的,忽一旦豁然贯通,又似是得来毫不费工夫一样,佛之于法,老之于道,以及诗人的达神,画家的传意,皆是于刹那间之前不能悟到,于一刹那间后也不能悟到,恰恰于感觉与意志会合的一顷,又适值情感燃烧最高度的一顷,与所用的方法达到于最艺术化的一顷,综此各种的奇缘而生顿悟之妙境。这真是千难万难之事,无怪顿悟不是尽人都能的。

顿悟之表现既如是其难,故要用艺术方法使它发现当然不是容易。必先使感觉与意志相协合,次使情感有极端发泄的可能(参考下节),终又须用了一种极奇妙的艺术方法,三事俱备,庶几万一得到顿悟的机会。我今姑举二例以概其余:秋之夜,"清风徐来,水波不兴",苏东坡感此而作《前赤壁赋》。同此秋夜,听其"凄凄切切,呼号奋发",欧阳修感此而作《秋声赋》。彼二人的感觉不同,与意志互异,故其情感上完全相反。其顿悟之道也不一:在《前赤壁赋》则极端乐观,而在《秋声赋》则充满悲态。这二篇所用的艺术方法也不一样:《秋声赋》的作者全在写声音方面上着力,他好似音乐家一样;但在《前赤壁赋》则注全神于写秋的色彩,完全是图画家的本领。可是他们虽种种不相同，而此二篇的价值则同为千古不朽的杰作。缘因他俩都具热烈的情感，都能使感觉与意志相调协，又都能用艺术方法去表现。

总而言之，美的思想法于第一步骤如能达到（即情感的艺术方法），我们由此而求别种的艺术方法当甚为容易，今即于下段继论组织法。

二、艺术方法是组织的作用以协合归纳与演绎的方法

干脆说来，科学方法所求的为归纳方法。例如：见了张、王、李、林以及许多人皆死，我们归纳起来立了"凡人皆死"的定则。这样方法好像是稳当不过的。可是，它所得的仅是过去的事实的总算账。故严格说来，科学家仅能说已死之人才是死的。凡未死之人不能说他必死，因为未来之事不是经验所能及。人们若仅赖这方法，势必只有历史的智慧，而无未来的"先见"。这样仅顾过去而遗未来的方法，当然使人类对它不满足。幸而有哲学

的演绎方法出来救济。演绎法是以归纳法的结束为起点。例如它是以"凡人皆死"为前提，而推论到张、王、李、林，以及未来一切人都是死的。就归纳法说：因为张、王、李、林，各人有死的事实，所以得到凡人皆死的公例。就演绎法说：因为有凡人皆死的大纲，所以有个人必死的事实。归纳法的长处，在搜罗事实的相关性。演绎法的长处，在"格式"严整上的推演。它与归纳法不同处：即它所判断的不在事实的真假，而在格式的协合。例如：它于凡人皆死为大纲之后，而合了"x 是人，x 必死"的函数。在这个函数上，人们所注意的仅在"x 是人，x 必死"这个格式上的关系。至于 x 是人不是人，我们毫无过问之必要。但当 x 是人，我们则能断定 x 必死，惟有这个互相关系的性质才值得算的。故哲学方法所求的仅在格式上的逻辑，因它不必证诸事实，所以它能有永久的普遍的意义。由此可见哲学的演绎方法比科学的归纳法，实在远胜一筹了。

但我们不是如常人见解，谓科学的归纳方法与哲学的演绎方法乃立于不相容的地位的。因为由艺术方法观之，归纳与演绎不过是"组织法"的一端。从组织法着手，则二者尽有协合的余地。组织法即是归纳与演绎组合为一的方法。今就上例说，组合了归纳与演绎二方法为一整个，即是组织法，其式如下：

照上表说：归纳法的结束，即是演绎法的起点，可见归纳是给予演绎的材料，演绎乃推广归纳的效用。至于组织法即在如何使用归纳所得的材料与由演绎上的推论不相背驰的一种方法。这样组织法的为用当然极巨大。今择其要分论如下：

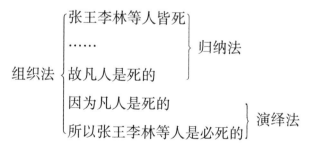

（1）依据认识、知识、意识，及普遍识，一

切所有相关的系统上,将所要知道的事情,应有尽有、详详细细组织起来。这个方法,与定名上的叙述法有些相同。不过它除了应从次序上着想外,尚要从系统上留意,所以它比叙述法更繁难(参考我的《普遍的逻辑》)。例如从"认识的系统"说,我们把"地球"、"静"二个名词,组织成为一个肯定的相关,即是说"地球是静的"一句话了。但从知识的系统说,我们应改组为"地球是动的"一句话了。但从意识的系统说呢,我们又当组织为"地球或者不是静的,也不是动的,乃是由观察人的主观去判定它罢了"这句话了。最后,若从普遍识的系统上去组织,它的句法是"地球也是静的,也是动的,动静乃相对上的名词,原不过是一种相关的现象而已"。总之,无论从哪个系统去组织,它的意义就跟随那个系统而定了。所以从系统上说,二个物象与意义的相关不是无穷的,乃是有限的。譬如上所引的四例,已足包括一切的"地球"、"动"、"静"三个关系,再无别个方法可组织了。

由这个组织法说,它是把认识等所得到的现象,实实在在组织起来。如我觉得地球是静的,就说它是静了。又我推论地球是动的,就说它是动了。换句话说,"句"的意义是从事实上或推论上和描拟上的相关条件中所组织出来。也可说它先有组织,而后才有意义,不是先判断而后有解释的。因"句"一经组织后,它的意义,已经固定。人们仅有依据这个固定的意义去解释它,原不用着再去判断它是什么东西呢。实则,组织之中,已经包括判断的意义在里头了。

所以从组织的造句法入手,不独可免了演绎法的判断偏重主观与成见等等毛病,并且免如归纳法的判断流于褊狭与呆板。因为组织法是主观与物观相合而成的艺术方法。例如从认识方面说,地球是静的,这是从主观方面去组织的;从知识方面说,地球是动的,这是从物观方面去组织的。至于一味偏重物观的归纳法或主观的演绎法的判断法当然免不了成见与褊狭诸弊端。故自来学者都承认判断不免无错误。因为判断终免不了"感情作用"的。可是，组织法既是于主观外并顾事实，当然免却成见的蒙蔽和褊狭的缺点了。其次，判断仅能从一面下手，纵使真确，也免不了失于呆板。如判断地球是动的，当然同时不能判断地球又是静的，或地球不动不静的，或地球是动是静的了。但组织法，既不是从物观或主观单面的判断上入手，乃从叙述法上做工夫。所以它把所要叙述的事情，按了相关系的系统上去组织。故它的意义当然比判断较普遍较灵通。并且有许多事情，不是从判断可求得来，需要从组织法才有头绪的。这个道理，待下再讲。

（2）组织法的第二方法是在把所得的组织句中，比较谁句是最与事实协合，以为择取的标准。例如于"地球是静"、"地球是动"、"地球不静不动"、"地球也静也动"诸语中，选用一个与地球动静上的事实最相合的句。我们苟知动静不过是相关上的一种现象，当然应取第四句"地球也静也动"了。在相对论未成立以前，第二句"地球是动"为最协合于事实，若在古时，则以第一句"地球是静"为极妥洽的根据。至于有些人或主张第三句"地球不动不静"，以他个人主观上的动静去定地球的动静了。故求最协合于事实的造句法，原无一定的标准，乃是由人类所用的艺术方法程度高低去审定的！

（3）说到第三层的组织法，它虽承认最协洽于事实的组织法极为困难。但于求得一最普遍的组织法，自信则极有把握。因为在一个系统上，如从认识说，地球不是动的；但从别个系统上，如从知识说，地球是动的。那么，在此两个相反的现象上，我们定然可以组织一个第三种的句法，比前二个较普遍的了，即是"地球也静也动"这句话，可以包括前二个，但前二个不能包括它。所以它当然比它们较普遍的了。故最紧要的造句法，除上所说的叙述及选择二者之外，在第三端的，则为求得一个普遍意义的组织。

求普遍的组织法，本是极精微的研究。我今略取二例来说明：

（甲）由认识上，见一流质被压，必向无压力的地方流去，流到平均势才止。若从这样纯粹的认识方面去组织，我们仅能依了这个认识上的现象去定公例而已。但人们后来把这些认识的材料，组织起来成为一个知识的公例，即"一个流质，如四方八面无压力，则一方受压力，它必向四方八面平均流去"。这个公例，不是从感觉得到，乃从推理而来的。所以我们说它是知识上的组织。再后，人们看"水龙头射水，常有一定的高度"，料定空气必有压力。这个为意识的组织法。虽则，它是从认识及知识二方面所组合而成。但它显然与认识及知识二事不相同。因为空气有压力，是不能由五官感触到的，也不能由知识推论得的。它不过是一种意识上的假定而已。

可是，到了这个地步，若不再进为一种普遍识的组织，为一种"认、知、意三识组合的组织"，所谓意识上的假定，必至于终究不能证实了。幸有托里拆利（Torricelli）从这方面做工夫，遂有气压表的发明。

以管内的水银升降，表示空气压力的大小。空气压力，至此宛然如在目前。这个表的作用，当然不是平常所叫的公例一样。它是一种记号，一种组合认、知、意三识上的普遍记号。所以它能包括上三识的总意义，又各各能把它们的道理，分开去解释的。

我们由此见出最普遍的道理是由于最完全的组织所表示出来的，不是由枝枝节节的归纳与演绎的判断可以得到的了。再进一步说，最完善的组织所得到的结果，是创造不是判断；是记号的指示，不是感觉的事实；是普遍的解释，不是简单的公例。我今再把吸力一个观念来证明。

（乙）自第谷·布拉赫（Tycho Brahe）用了一番观察的功夫，得到一个与从前不同的宇宙观。但他的天文学是认识的结果，不是知识、意识等的成功。同时的开普勒（Kepler）得了第氏所认识的材料，组织成为知识的应用。究竟开氏的天文三公例，可说是纯粹由他的聪明所创造出来的（开氏对于天文上观察的功夫甚薄弱）。及牛顿出，更就开氏三公例组织成为一个吸力律。这个吸力律好似极神秘的。因为在无穷的空中，一物与他物，怎么能够间接上如此的相吸？这真不是由感觉所能见，及智识所能知了！即牛顿自己也不免怀疑，但一证实事实又极切当。所以他姑且用了"if"一字去解释，就他的大意说，二个物体相吸的真情，我们是不能知的。但以它相吸的现象看起来，好似（if）是如此的。因为牛顿的吸力律，是把第氏及开普勒学说为根据所组织而成的。所以它不是此，也不是彼，乃是一种新意义，乃是一种意识上的意义。所以它含有神秘的意味，不是用认识及知识的观念可以解释的了。

牛顿吸力律不能解释的，一到相对论，用了"基本引量的十成分"法，而变成为可解释的了。

有相对论，不但牛顿的吸力律可以解释，即开普勒及第氏所说的，也通通可以证明了。但基本引量的十成分，乃是一种纯粹的记号应用法。这个记号的成效，所以如此高大，因为它是由认、知、意三识所组合而来。若就相对论学说谈起来，它是组合主观、物观、时间、空间、物质、物力为一体呢。

简括言之，凡普遍的解释，都是从记号的相关中所组织出来。这样最便利的记号，常被了艺术方法取来为工具。故最完善的组织法，即在研究怎么能够组织一个最协调最普遍的记号。要望这个方法的成功：第一，须从事实上入手；第二，为同识的组织；第三，为异识的组织；及到后头，就可以抛却事实，专从纯粹的记号组织上去做工夫了。今举一例如下：向空中掷石，丢木，泼水，挥丸，吹毛，等等的结果，皆向地面坠落的。以这些事实为组织的材料，而得到一个公例如下"凡物皆坠地"，但这个乃是认识的公例。那么由认识的条件，组织为认识的公例，这个叫做"同识的组织"

了。(或以知识的条件,组织成为知识的公例。或以意识的条件,组织成为意识的公例。皆是属于同识的组织法。)若开普勒的三公例,乃是从第氏的认识条件上,再进一步去组织成为知识的公例。所以它是"异识的组织"法。与此同例,牛顿的吸力律系把开普勒的三个公例组合而成,即从知识演进为意识上的组织法。至于相对论,再从意识上,演进为普遍识的组织。也是异识的组织法的一种。但它的大成功,全在利用记号去代表事实的。所以,它仅求记号组合上的和谐与普遍,同时即能得到外界上和谐的事情与普遍的意义了。

就上说来,组织法中已含有创造法。再以下式参考起来更足证明。例如:设 A 等于有机物,B 等于植物,C 等于动物,D 等于含有碳、氢、氧等。我们的前提有三:①A 或 B 或 C,②B 必定 D,③C 必定 D。今把它们组织如下(其小写字母代表相应大写字母的反面,如 a 代表无机物):

① ABCD　　② ABCd　　③ ABcD　　④ ABcd

⑤ AbCD　　⑥ AbCd　　⑦ AbcD　　⑧ Abcd

但上式的第七、第八两项与第一前提相矛盾；第二及第四两项与第二前提相矛盾；第六项又与第三前提相矛盾。所以它仅有三个得式：即 ABCD，ABcD，AbCD，这是说：有机物，当时时必有碳氢氮等的。又在 ABcD 一项，乃说有机物是植物质；在 AbCD，乃说有机物是动物质，彼此均说得去。可是在 ABCD 一项上，乃说一种有机物，是动物质，和植物质的，似乎与第一前提相矛盾。但有机物上，确有一种物，不是动物，也不是植物，乃是一种介于动植物间的混合体。这项得数明明是新创造出来！它有价值与否全靠于事实的证明（参看以下假设式与证明一段）。就此看去，可见用组织法所得的结论，不是似旧式逻辑仅有一个，而可有无数的，同时也就可得到无数新的意义了。若就 A 的反面 a 为主位组织起来，也可得了八式如下：

① aBCD　　② aBCd　　③ aBcD　　④ aBcd
⑤ abCD　　⑥ abCd　　⑦ abcD　　⑧ abcd

若把上八式与上页的前提对勘起来，仅有第七、第八两项，不与相灭的公例相矛盾，这是说：除无机物，非植物，与非动物外，尚有碳氢氮等的存在（abcD）。也可说无碳氢氮等就无有机物，无植物，无动物质了（abcd）。

除了从组织法中得来的狭义的创造法之外，尚有它的本身意义，即广义的创造法，它是艺术方法的一种，乃属于艺术方法的第三种，即是：

三、艺术方法是以创造的妙谛去炮制经验与描想的方法

凡一事的创造虽不能从无中忽然而有，但它于由科学所得的经验与由哲学所得的描想后，确须下了一番炮制的工夫，然后才能得到创造的效果。经过人们下了炮制工夫之后，举凡一切的事实与描想皆能由一种记号符号去代替与表示。故创造法是以描想为体，经验为用，而又须以记号为辅，今稍为论列于下：

先就描想说，它有一个大纲，即凡一事情的主张与一公例的成立，均有正面、反面及正反组合面上的可能。这个叫做"自由选择"的大纲，例如：以地球是不动的为正面，那么，此外另有地球不动的一个反面，与地球也是静也是动的组合面的存在了。又如以"地吸月"为正面，我们也可主张"月吸地"的反面，与地月互相吸引的组合面了。就大纲上说，描想既有如此的自由选择了。若就作用上说，描想在创造法上尚有第二个的特性。因为它知外界的事情和物象的公例与真理不仅是一个的与一面的绝对。所以它能预定一个目的，一个志向，一个希望，去创造实现许多方面的道理的。例如柏拉图先有了一个"理想的公道观念"为目的，他就于现有的政体如君主、贵族及暴民外，创造他一个不朽的共和国制度出来了。所谓公妻、公子、公共教育，以及政治、军事、职业等等的分配，都是从这个公道观念的模型所印铸而成。及到近世欧洲的人，也因为有这个公道做目的。所以争人权，争自由，争平等，争共产等等也随此而生。大凡人们能够有新事业，全靠他的描想上常有一个新的目的为向导。即如最固定式的数学，也是常受人们新描想的影响去变动进化的，在昔莱布尼茨先有一个"绵延"（continuity）的主见，然后才有微分数的发明，这也是一个最好的证例呢。由此看来，立定一个目的，实为创造法不可少的准备。但既有了目的，描想上又须再进为第三步的发展，才能实现出一个整个的创造法。这第三步，即是对于前提上的命题，乃取命令的态度的。因为由实指的命题，所推论的，仅是事实的发明；而由拟议的命题，所推论的结果，也不外是一种不完全的创造，它尚要回顾事实上究竟是否相符。可是，命令的命题，有时也须用事实，但它所求的仅在事实的意义，不在其物质。并且有时遇到无事实或事实不足用时，它也能向了目的所要求的方面去创造一个新的材料，总而言之，描想在创造法上有三种作用：第一，它有一个自由选择的大纲；第二，它有一个预定的目的；第三，它能利用命令式的命题。

其次，论及"事实"在创造法上的作用，与在别种方法上，也有大不相同的地方。究竟，由经验上所得到的事实，都是零碎的关系。但创造法所考求的，乃从事实整个上去留意。凡把事物零碎上的互相关系看起来为一种现象（即归类的概括），若把事物融合处的互相关系上看起来另为一种现象（即整个的结晶）。前的，则属于经验诸法所求得的公例；后的，则属于创造法所得到的定则。其次，创造法看事实不是如经验等法的注重它们"相同"一方面。它是偏重"推似"一方面的。例如：推鸟飞的相似，创造飞空艇；推鱼潜的相似，创造潜水艇之类。这些新事情的成立虽不是从无而有，但确是由似求同。所以它是创造法的一种结果。末了，事实在创造法上的第三种作用，不是一定要有实在的物件，它容许仅是一种理想的或记号的表示。这个与上所说的命令的命题有相因而至的必要。因为命令的命题上，所采用的材料，原不必去拘束它是不是实在的事实。它所要考求的,是把这些材料(或实在,或理想,或假设,或描拟)作为一种根据,以便从它去建设和创造。如果它能建设得齐整美满,这些材料无论是何物,自然皆能有充分理由的存立了。

我们在上头既已说及描想与事实在创造法上的特别情形了,记号一层,当然有同时论及的必要。记号在创造法上的应用也有三项,一为思想的引导,一为建设的工具,一为普遍意义的代表。无记号的借助,则思想不能扩张。无记号做工具,则建设无从下手。无记号为代表,则一切事物的意义不能普遍。但记号上,在创造法的演式,格外与在别种方法上不相同。它是活动的,乖觉的,能去创造新意义与新事情的。

我今与其从虚空处去论创造法,不如就逻辑上去举例更为切实。在创造法的演式上,应当先知的有二式:一为离合式与经验,二为假设式与证明。这二个式可为创造式的先锋、助手,它与创造法极有关系的。

今先论离合式与经验——它是一种"事实的命题"：如"人类或善或恶"，"书籍或有益或无益"之类。它的演式，依旧时说，为

A 是或 B 或 C，但，A 是 B，所以，A 不是 C

这个式叫做"以肯定推论否定法"。拉丁语是 Modus Ponendo tollens。例如说：自由是好的或坏的，但自由是好的，所以自由不是坏的了。另外，又有一式叫做"以否定推论肯定法"。拉丁语为 Modus tollendo ponens。其式为：

A 是或 B 或 C，但，A 不是 B，所以，A 是 C

例如：人性或恶或善，但人性不是恶的，所以人性是善。这个式与三段式的规则不同处，是中段如为肯定的，则结论必是否定；反之，如中段为否定，则结论必为肯定。

但上所说的旧法，尚未能完足"离合式"的意义。若我们用布尔—杰文斯（Boole‐Jevons）的推算法演式起来。则有：

ABC，ABc，AbC，Abc

若以 A 代人，B 代善，C 代恶，以 b 代非善，以 c 代非恶。那么，我们对于上所推算的四式，皆可解释它含有一种的意义。如在第一项则说为人是善恶混；第二项，人是善的不是恶；第三项，人是恶的不是善；第四项，人是非善非恶的。这些意义均说得去。可见旧式的仅有一个结论，与此相形之下，未免过于偏窄了。由此也可见这个新式与创造法有密切的关系。因为它可用许多意义，去解释所有式中的得数呢。但离合式的判断上，需要从经验上入手才得。例如上所说的四个意义，究竟哪一个与人性相对。除非从实验上把人性研究起来，就不能有切当的答复了。因为它要从经验上去证实，所以离合式仅是创造法中的起点。故现在于离合式外，应当说到与创造法更有关系的"假设式与证明"的一个法子了。

"假设的逻辑"，极为近来学者所重视。因为它除含有旧式的逻辑外，且有时于创造上极有重大的贡献的缘故。若要知道此中的详细处，可以参看戈布洛（Edmond Goblot）先生的《逻辑论》一书，及罗素的许多著作。今从撮要处说来，假设的逻辑是一种"拟议的命题"，如说，"假设某甲是人，某甲必死"；"假设国体是真正共和，人民必有自由等幸福"之类。它的命题上分为"先容"（antecedent）与"接合"（consequent）二项。例如在上说的"假设某甲是人"，则为先容；"某甲必死"，一句话，则为接合。接合的意义是与先容的互相关系而成，可以说它是足成先容上未完了的词句的。就它的格式说，约有三类：（1）先容与接合与名词是各不相同的，如 A 是 P，C 是 Q；（2）先容与接合同一样名词的，如 S 是 P，S 是 Q；（3）彼此虽同样的名词，但是泛指的，如 X 是 P，X 是 Q。现先说它第二类的特别处：

假设 A 是 P，A 是 Q，但，A 是 P，所以，A 是 Q，这个叫做肯定式。又如，假设 A 是 P，A 是 Q，但，A 不是 Q，所以，A 不是 P，这个叫做否定式。

在这种演式上，应当留意者：凡肯定的，必在先容句上；凡否定的，必在接合句上。如犯这个规则，必致弄出错误。例如在第一式的肯定上说：假设一个人是吝啬的，他必不肯出钱去做好事，这是对的。但说一个人不肯出钱去做好事，他必是吝啬的，这是错了。因为他或者有许多旁的缘故，使他不能出钱去做好事也未可知。这个叫做"肯定接合句"的错误（the fallacy of affirming the consequent）。别一方面，如若去否定那先容的句，则又犯了一种"否定先容句"的错误了（the fallacy of denying the antecedent）。例如：假设一个人不是吝啬的，我们不能推论遇有好事时，他必定肯出钱呢。

在这个先容与接合俱是一个相同的名词的假设式上，乃是考求个人或个事的特别固定的状况，所以对于它的证明，唯有从特别的事实上去讨论。至于假设式中的第一类比第二类更有用处，它是先容的名词与接合的名词不同，因此，它能在事物中彼此相关系的方面，求出普遍的概括的公例。如说：

假设热度增高,则体积必扩大;假设教育佳良,则人可变善之类。它所研究的,不在上句与下句分开上的事实,乃在这些事实相关上所表现的一种现象的公例。这个就是假设式比较旧时"实指的演式"法不同处,也即它比较旧式的有利益处。至于假设式的第三类为泛指的名词,它可改易为第一类或为第二类的方法,恕我在此不去赘述了。

假设式的应用,据我师戈布洛先生所说,是为一切算学及科学公例上发明的根本。因为无论何事情皆可先假设为什么意义,然后用证明法去证明它是不是。例如说,假设三角形的三角是等于180°的,现在要知道的,这个假设是真或假,所以证明法在假设式上为不可少的手续。试画一个三角形ABC如下:

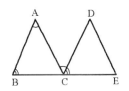

今在C点上引一与AB平行的DC线,那么,依几何定例,DCE角与B角相等,DCA角与A角相等。但在一直线上的角度是等于180°的,所以ABC三角的总数,也等于180°了。

在这个假设与证明法上,可以看出它与创造法极有相似的性质:(1)因在假设式上是选择二个物上无穷数的相关中的一个,以为假设的标准。(2)在证明法上,也是于无穷方法中选择一个为根据。既假设一件事于前,复假设一方法去证明于后,这些假设的思想与手续,皆是创造法上不可少的条件。

现在应当说及"创造式"与离合和假设二式不同处的地方了。它与这二个式固然有些关系,但它另有它的特别的"建设方法"。它的前提为命令的命题:例如在非欧几里德几何上,是命定空间为球面形,同时也就命定线是曲的不是直的了。由这样命题去建设黎曼(Riemann)的几何,则三角形的三角乃大于180°了。又由这样的前提去建设罗巴切夫斯基（Lobacthevsky）的几何，则三角形的三角乃小于180°了。

究竟创造式与别种演式不同处有三：

（1）它的前提不是事实的，也不是拟议的。因为以事实为依据，乃是实指的不是命令的了；又以拟议为基础乃是假设的，也不是命令的了。命令的命题的妙用处，就是思想对于外象先具有一个目的观，命定它必是如此的。及后，它全靠建设上的巧拙优劣去证明或经验所命令的与所推论的是否相符。假如它能够成立一个极优美的建设法，就不怕结论与命题上有互相冲突的地方。因为自己既依了一个目的，与立了一定的建设法去创造一个系统，那么，在自己的系统上，总是"持之有故，言之成理"，断不会自相矛盾了。例如：在欧几里德的几何上，它有它的系统，故它有它的世界观与测量法。又在非欧几里德的几何上。它有它的系统，也有它的世界观及测量法。人们不能说谁是错，与谁是对。实则，在谁的系统上，就生出谁的道理。把谁的系统上所说的，转入别个的系统上必生错误。但苟知道它们二个系统上不相同的条件是什么，若由这个移入那个，仅把它们彼此的条件相关系上一行交换，则这个的系统，可以变为彼个的系统，彼此互相通用而无阻碍了，非欧几里德几何，可变为欧几里德的，即是这个道理。

（2）创造法的演式与别种演式上的不同处，一是它无定式，它有时用归纳法，有时用演绎法，有时用推算法，有时则用离合和假设法。二是它所注重的是建设式。这个式虽是上头所说诸法的总名，但它的特别作用上是求整个方面上的建设：例如柏拉图的《共和国》及康德的《纯粹理性批评》二本书，他们各人各在本书上，把他所预定的计划，完完全全从整个上去建设，不是从枝节处去敷衍。故在这二本书上，如抽去一部分，或改易一意义，即不能恢复它们的全形，就不免与本义有亏损及原意有参差了。大凡一个系统的建设，首尾必须贯穿,各面总当一致,加一项即过多,减一事即太少。所谓恰到好处,所谓仙女制衣无缝可寻,大娘舞剑器无隙可入,精密的建设法也当作如是观!

(3)创造式所用的记号,是描想的代表,是事实的射影,是普遍的意义。换句话说,在创造法上,描想、事实与记号相合而成为一种概括的表象。因为在此层上,描想即记号,记号即描想。事实即记号,记号即事实。例如算学家的创造"绵延"一个观念。他们对此所能为力的是从记号去描拟,不是从事实上去用功。因为从事实去求出一条有限的线,是由无穷的点所合成,这个实在不可能的。倘如我们从记号上去描拟一条线,分开为二段,分开处当然有一共同点。这点即是此段到彼段绵延连接的交界点了。但这个点成立的可能,不是从事实去判断,事实上不能给我们知道二线的交界是点,也犹我们不能知道这个记号$\sqrt{2}$最末了的得数是什么。究竟这个点的成立,乃人从二线交界上描拟它们的线形，逐渐变薄，薄到线无广时，它们所组合的点当然是无积了。那么，它们的交界仅有一点，因为这点是无积的，所以再不能分开它为二了。又因薄到点无积时，则一有长度的线形，当然充满无穷的不能算尽的点，并且点点是一样，点点是密接，不会在两点的中间有别种物去隔开了（凡有积的，皆可隔开，今这些点既无积的，所以不能隔开）。故"延绵"的观念及"无穷"的见解能够成立，全靠了用记号的意义去创造的缘故。

总之在这个譬喻上，已是见出凡精微的建设法，需要靠记号为工具。事实到此固然变为记号（如点无积，线无广等）；即描想上，也惟以记号为凭借。因在此上，记号即是材料，描想是不能离开材料的，所以它不得不依靠记号了。末了，我们应当明白记号所代表的是普遍的意义：其一因它是抽象的，所以能为各种具象的事实所共同的表象。其二因它是各项融合上的说法，所以它能概括各项的分个。其三因它从最高上去解释，所以同时，它能解释分类上的矛盾。例如绵延的记号，当然是抽象；其次，它能解释物理上，感触上，各种不能绵延的理由（如一手举十斤重，复即举十一斤重的，并不见与前有差异，必待至举十二斤时才感觉，所以见出从感触上是无法解释绵延的）。末了，它是依算学上所记号的道理，一步一步地去推论，所以它在自己所建设的系统上，不独彼此不相矛盾，并且可以去解释一切所有相关系上的现象，所以它是具有一种普遍的意义的。

以创造为主干去炮制经验及描想所得的材料而创造一个新的系统学问，这个系统在"抽象的学问"上如算学、几何等，当然是可适用的。因为抽象的学问，本来没有固定的限制，常随智识的进化去规定的。但一论到具象的学问上，如社会学等，就不免生了许多人的怀疑。古来许多理想的乌托邦，不能见诸实行，似乎为创造法无大用处的铁据。实则所谓乌托邦,如柏拉图的理想共和国等,虽然是与现在的社会不能适用。但安知后来进化的社会,永久不能实行这样制度吗?再退一步说,即使事实上终久不能完全达到,但理论上不可无一个完善的标准,使事实上向了这个理想的目标去进行追赶的。若能使它时时有几似处的达到,已是理想上极大的成功了。其次,具象的材料虽要靠住实在的事情,但同一样的材料,原可用建设法去造成许多不相同的情状。故创造法不受实在材料的束缚,在抽象与具象上原是彼此相同的。所异处,在抽象的学问上,仅使人改易眼光,就能了解一种系统上的观念。但在具象上于改易眼光外又当使人改了行为,才能实现了新的事业。譬如在几何学上,如人肯采非欧几里德几何的观念,即时就可明白新形学。但在社会学上,如对柏拉图的理想国,不仅要懂它,并且要去实行它的主义,然后始能把它的理想成为现实呢。由此说来,创造一个系统,无论在何种学问上均是可能了(或问,如此说去,未免流入于神秘的、武断的、主观的范围了。实则，这个创造法，不是神秘的，因为它必靠所命令的条件去建设的。也不是武断的，因为它所命令的命题，须待后来建设法去完足它的充分意义，才能成立。末了，它又不是主观的，因为它所求的是系统的相关，即是一个系统对立于别个系统，研究它们并相峙立的理由。或又问，一个宗教或一派的学说，如能建设它的系统，它们就有存立的价值了。我对此层当然承认。但他们应知别派的学说，也有成立的价值。并且应该知道它的系统比别的系统范围谁为广大，如别的广大，他就应该去采用它。例如欧几里德几何比非欧几里德范围小，所以当采用它了。由此推论，如科学道理的范围比宗教大，则宗教应当采用科学的道理了。）

　　我们在上已将创造法大略说完了。今为提纲挈领起见，做成一表如下：

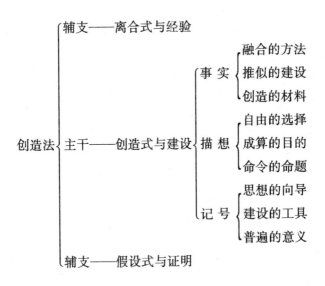

简括论之，思想的表现不外于上所说的三端：即情感的发泄、理智的组织与意志的创造。艺术方法就在使这三端怎样达到于最美的表现。一切思想如无法使它表现，则断不能发育生长，势必至于退化消灭。进一步说，无表现即无思想，凡思想终要表现于外的。美的表现在情感方面的为"美的语言文字"；在理智的则为"美的符号"；在意志上不离了社会上各种"美的制度"。今当于下论及：

四、艺术方法，是以表现的效能，去贯通零碎与整个的方法

（1）情感表现的状态固极多端：或眉语，或意传，或手舞，或足蹈，以至哭泣欢呼与夫一切惊疑祝望的状态皆是表情的一种。但这些都是不完全的表情。惟有语言文字才是美满的表情。故要使情感达到美丽的发展非从"美的语言"与"美的文字"二项上用功夫不可。先就语言说，它是思想一部分最重要的代表。因为思想虽有三种的不同——情感、理智与意志——但情感一方面的思想最占重要，其正面的代表即为语言。故我们可说人们若无语言就无思想，又可说人们的语言程度到什么，思想也到什么的程度，由此可见要求美的思想须先考求美的语言了。

语言是思想表现于外的一种艺术，思想是一种脑内说话的习惯。习惯当然可以由艺术去养成的。就养成美的语言的习惯说，第一需要尽兴说话。凡

愈肯说话，愈会说话，同时愈能养成好思想。反之，愈羞羞涩涩的，愈讷讷不能出诸口，愈使思想上感到枯索的苦况。但尽兴说话，不是乱七八糟的，乃是句有句法，章有章法，又须声音态度，各臻其妙。美的语言的第二条件，则在相题发挥：或用诙谐，或取庄重，或如短剑的相接，或似长江的浩瀚，痛痛快快，适可而止，不可吞吞吐吐取人讨厌。至于第三条件，则所言者须语出诸肺腑的热诚，不可装腔作势，弄假欺人。（不讲究美的语言者，势必语言无味，这尚可恕，最可恨的是一班人专门打官话，及守"多磕头少说话"的恶习惯，以致情感弄到消灭思想，弄到混浊了。）

与语言立于同样重要地位的为文字。文字一面是补助语言之不足，一面又有其独立的作用。美的文字，乃是一种情感的表示与思想的射影。当其兴会所至，字字从心头沥出，"由景生情，由情生文"，这便为美文。至于一味雕琢堆砌，简直是文字的苦事！

要之,思想关于情感方面的发泄,或为无声的文字,或为有音的语言。就其本源即从情感发泄时说起,语言文字极其简单苟陋。及后经过艺术方法一番的功夫,语言文字渐趋美丽,情感与思想也渐趋于美丽。美丽到如一部《红楼梦》,或如一本《西厢记》,这其间可做千万字看,也可作一个字读;虽似是拉拉杂杂写出来,其底里确有一条不紊的线索为全书的枢纽。故以表现的方法使零碎与整个有交互的作用者,才算极语言文字之能事。并且,由语言的滋蔓,同时生长了许多新情感及新思想。故就源头说,由情感与思想而生了语言文字,但就后来说,从语言文字反能创造情感及思想。这可见语言文字的重要,人们值得下死工夫用艺术方法去研究了。

(2) 思想第二种的表现,乃属于理智的范围,是为各种科学所用的符号:如数目字、代数式、几何形、天文图表、化学符号、博物学的标志等等之类。符号的作用如桥梁一样,可以沟通理智的道路。美的符号即是一种最利便的工具,各科学得它后,可以向前进行工作。例如数目的根本符号不过十个,而可以推演一切至繁赜的数理。总之,科学家之于符号,恰似名画家之于丹青一样。画家借了些颜色变化的点缀,而能表现出一切的色相。科学家利用些符号,就能组织成各种科学的格式,如代数式之类。由是说来,科学即是符号,符号即是理智的代表。因为理智全靠符号的组织,故理智的思想,一面,比情感的较有条理可循,并且较为切实可靠,由是一面又见理智比情感较为机械式,较为不灵通了。再进一步说,由理智所得的思想,不如由情感所得的渊深,语言文字的进化是无穷尽的,而符号的演变是有一定限制的。

美的符号,是靠住眼光锐敏、手腕灵通去取得的。符号恍似一种图画。科学家的眼光及手腕,当如名画家一样的灵捷,眼见什么即能由手去画什么。眼锐手灵故能测量,由测量才有算学,有几何,有天文。眼锐手灵,才能观察与经验,由此才有物理与化学。眼锐手灵，才能比较，由比较才有生物学与社会学。大概说来，眼锐手灵的人，才能得到符号的利用与理智的成功。

在此层上，我们时常见得那些用科学方法者，乃看各种科学是分离的；而那些用哲学方法者则视一切科学为一个整个。可是，凡采用艺术方法者的态度就不同，他乃于每个科学中都能认出整个的智识来，即是于零碎中而能求出整个的妙用。

（3）说到第三层的思想叫做意志，它也有一种表现的记号。凡宗教的仪式、政治的组织、法律的条文、经济的分配、风俗的习惯与道德的观念等等社会的制度，皆是一种意志的表现。这些意志的表现，一边全靠于"冲动"，一边全靠于"实践"。意志是起于冲动而成就于实践的。故养成"美的冲动"与"美的实践"为求到一切意志的表现的重要条件。其冲动与实践为信仰的，则成宗教的制度；为组织的，则成政治的制度；为约束的，则成法律的制度；为利益的，则成经济的制度；为传统的，则成风俗的习惯；为善恶的，则为道德的观念等等。由这些制度的表现，使人类的意志得以存留与进化。

于此，我们须紧紧牢记者，科学、哲学与艺术，三家的眼光对于这些制度的考察各个不同：例如用了艺术方法的社会学者或社会家，对于这些制度，一面，都有单个具体的研究；别面，又须有并合做一个全体建设的必要。不是如"科学的政治家"一项一项的去用功，也不是如"哲学的实行家"一概含糊地去建设。

思想一物在意志上算是极神秘了，但我们由人类的冲动与实践所表现的制度去考究而能得到一切意志的底蕴。他如情感与理智既然也都可以用方法去表现出来，那么这三种的表现的成绩如何，究竟全靠于艺术方法的优劣。诚能使人们如音乐家与名画家一样的才干，把一切声音及形色都能精微地表示出来，则任凭世界上怎样奥秘的事物都可惟妙惟肖地去求得，这岂不是艺术法的大成功么？这样艺术表现法的作用有四：（1）它能把情感、理智与意志三面的思想赤裸裸地拿出让人瞧，使人们知思想是什么形状，由此可用方法去养成它发展它。（2）它能使思想得了一些艺术方法后（或语言，或文字，或符号，或制度等项的艺术法），格外改良进步，以求达于至美的地位。（3）它能使人得这些艺术方法后，极有把握去创造新思想，即能由它去创造新情感、新理智、新意志。（4）最紧要的，也能把零星的思想，聚合为一串的整个。

总而论之，一切思想皆以表现为归宿，故思想的究竟在于实行。因为行为即思想的表现，故凡能求得美的行为者即能求得美的思想。美的行为，是于千头万绪的思想中得到它的一贯的继续。思想是变迁的，但美的思想于变迁中得到情感为中枢，而使理智与意志的调协。行为也是千变万变的，但美的行为变迁中也以情感为主动而求理智与意志的合作。美的行为家有如跳舞家一样，步步是自己创造的，但步步是协合拍奏。步步是独立的，但于进行中自第一步至最终步总合为一线继续连接的表现。这个"整个行为"的表现，即是"整个思想"与全人格的表现，艺术方法即在使一贯的行为怎样能去表现万殊的思想。这个艺术方法与科学及哲学不同处：科学方法偏于零碎的分析，哲学方法重在整个的总揽，但艺术方法则在使零碎与整个贯通为一的表现。例如一篇好文章，一面看去，是由许多零碎的字句所缀合；别一面看去又是由一个整个的意思所呵成。实则文章的妙处不在字句与意思的分离，而在零碎的字句能够聚合为一个整个意思的表现，与整个的意思能够从许多零碎的字句去发展。这不过论文章的妙处而已。推而论及思想上一切的问题，皆不外这样的表现的效能为中枢，即凡思想上能够达到"万殊一贯"与"一贯万殊"的表现，则情感上不怕无充分的发泄，理智上不怕无完善的组织，意志上不怕无美满的创造，并且得了这样的表现之后，情感、理智及意志，当然能够组合为一个整个的与美满的思想了。

第二节　极端的情感、极端的智慧、极端的志愿

前节乃专为精神的表现于思想一方面说的，但"精神"这个意义常被人所误会为静止的、消极的，及一种不可思议的概念。这样的精神生活当然是印度式及中国式与欧美的宗教式的了。这样极丑恶的精神生活当然为我们所反对了。我们所要主张的乃是一个生气蓬勃向上积极进行的精神生活，一个极切实与美丽而无神秘的精神生活。今从它的分部来看则有二类：一是心理上的精神生活，为本节所要说的；二是宇宙观上的精神生活，则留在下节去讨论。

本节所要研究的在求精神生活如何于心理上得到最美的地位与用力少而收效大的成绩。依我意见，惟有从极端的情感、极端的智慧、极端的志愿，三项上去讲求，才能得到我人心境上的美丽与成绩的巨大。本来，人类对于情感、智慧及志愿，都要取极端的态度去发展扩张才能满足的。但因环

境的束缚、身体的限制及判断的差谬，以致人有要求其极端而不能者，或则甘于自足而以不极端为极端者。例如：以饮食说，人于饥渴之后，总要得到极端满足的饮食而后快，但每为贫穷所困迫而不能得到充分的食料，或因身体不康健而不能与不敢尽量去吸收。其在前的是困于环境，后的则厄于身体，以致人不能从他的极端态度做去，实在大拂逆了人的本性了。至于因判断上的差谬而以不极端为极端者，如以性欲说，世人都误认性欲的极端快乐是交媾，而不知这样的快乐是极微细，我在上"美的性育"一节上已说明此中之理由了。总之，人的本性是喜欢极端的，因为极端，才能把他所有的尽力扩充到于极大的境域而得了最大的快乐；因为由极端而后觉得个人的力量为无穷大；因为用极端的方法而后用些少的力量，就能得到极大的出息。可惜社会的制度、身体的构造，及判断的作用，常把人的极端性摧残、折磨与压抑，以致人们不能、不得，或不敢尽力去发挥他的极端性。不幸，又有一种荒谬的学说如中土所谓"中庸之道"，务使人变成为一个寻常人，好似牛羊般的人物，普通无奇，毫无半点出色，而后称他为得乎"中庸之道"！故我极希望我人须先要把社会制度打破，把身体构造得完好，判断得到正确，又更要把那些无道理的学说铲除净尽，然后才能得到我人的极端本性。这个本性是极端的，是伟大的，是天真烂漫，浩然巍然的。凡能发挥这个极端的本性，便能得到英雄的本色、名士的襟怀、豪杰的心胸与伟大的人格。青年们！你们须知人有人的生活，如能得到人的生活，立即死去，或竟夭折，或被杀害，皆值得的。如貌似人类，实同禽兽的苟活，则虽寿满百而名遍天下，也属极无聊的寄生虫！你们须知人的生活莫如美的生活。美的生活，莫如能尽量发挥各人的极端情感、极端智慧与极端志愿。极端发挥各人本性，自能于活动中享了安静的乐趣，奋斗上得了进化的妙境。一日未能达到极端的希望，即一日尚未享人类生活的幸福，的美趣，的快感。一日达到了，则我人本性已经应有尽有的发展扩张了，这个所谓"能尽人之性"，便能成为特别的人物了。故要养成为特别人物，不是难事，就在各人本身上的情感、智慧及志愿上极端去扩充，就能得到。

这个理由待我在下三段上借给一些影子，以备诸位有意养成为特别人物者的参考吧。

一、极端的情感

人类本性，爱之，必爱到其极点；恨之，必恨到其尽头。这些才是真爱与真恨。爱之而有所不尽，恨之而有所忌惮，这些不透彻的爱与恨乃是社会人的普通性，但不是人类的本性。我尝恨我国社会都是虚假敷衍，感情薄弱，于极长期间未尝听到一个真为恋爱而牺牲，也未尝为什么真仇恨而厮杀。死的社会与死的人心原是互相因果的，这样社会安能得到有特别情感的人物呢！我们由此更当特别注意养成极端的情感以提醒这个麻木不仁的社会了。先就极端的情爱说：凡恋爱的人对于所爱者觉有一种不可思议的乐趣在心中，好似有无穷的力量要从四方八面射去一样。如被爱者是光，则用爱者即觉满地包含了光的美丽和他满身是光化了。如被爱者是声是电，用爱者即觉自己是声化电化了，遇着什么事都觉有一种声与电的作用了。被爱者是用爱的天神与生命。真晓得极端的恋爱者觉得他的生命充满了爱的甜蜜，一思想，一动作，一起一睡，都有爱神在其中鼓荡激扬。他的亿兆细血轮，轮轮有一爱情作元素；他的不停止的吹嘘，次次有无数的爱神随呼吸的气息相出入。领略极端爱的乐趣者处地狱如天堂，上断头台如往剧场一样。他似一个狂人疯子，但他愈觉狂疯化愈觉快乐！

怎样晓得极端恋爱的人就能得到这样极端的快乐呢？这个是因为极端恋爱的人一面享受了"唯我"的滋味；一面又领略了"忘我"的乐趣。由"唯我"的作用，觉得世界仅有我，仅有我能享受这个世界无穷尽的快乐。由"忘我"的作用，又觉得我不是我，小我的我已扩张为大我的我了，扩张到和世界并大与时间并长了。"唯我"时，则世界上无一人能来分少了我一毫的爱情，而世界上一切的爱情由我一人领受。"忘我"时，则当我领略情感时，我并无我一回事，我已忘却我了，我已与情爱并合为一了。当唯我的景象时，我觉得"小我"上的极端快乐。当忘我的景象时，我又觉得"大我"上极端快乐。当唯我变化到忘我时，我则觉"小我"已扩张为无穷大的我了，我又觉得极端的快乐。当忘我变化为唯我时，我又觉得"大我"已缩小为无限精微的结晶品，我更领略极端的快乐。总之，因极端的情感，就生出了唯我与忘我二种景象与一切"小我"及"大我"变化上的各种极端的乐趣。这些妙理，人当然要等到会领略极端的情感时才能完全了解，我今姑举不极端中稍极端的证例来谈一谈：

凡人初饮酒时不觉快乐，愈饮愈快乐，饮到微醺时更快乐，到大醉时，则极大痛快。这个即是饮酒愈极端时愈得极端快乐的证明了,又当其大醉时,他所以大快乐的缘故,即因醉者此时一边觉得是"唯我独醉,众人皆醒";一边又觉得我已忘却是我,我已与酒醉的景象并合为一,我此时把我的"常我"完全脱离,而与"醉我"新相结识别有一天地了。以言交媾也有这样现象,所谓"刘阮到天台",此时刘阮已非刘阮了,他是天台上的刘阮,不是先前人间上的刘阮了。但除了这个忘我的刘阮之外,确确切切的另有一个唯我的刘阮在其中独一静静地领受世上一切温柔的艳福。如无这个忘我的刘阮,自然更无那个唯我的刘阮,那么刘阮未免等于乡愚的煞兴。又假设无这个唯我的刘阮,更无那个忘我的刘阮,那么刘阮又未免似那禽兽交尾一样的糊涂。因有唯我与忘我陆续代替,起灭消长,所以常人觉得酒色中大有快乐在,遂奔驰争竞趋之若鹜了。

再说及冒险的乐趣,也因唯我与忘我的二个现象所致。我尝与友数人在法国瑞士间的冰山上纵兴邀游。行到中途凹凸不能越过，遂下转而行，忽低头见万丈深壑，横在目前，脚稍一溜，就有碎身的危险。在此时候，一面，我觉得是唯我，因我全身靠诸足跟支持，屏气敛息，不敢有一大呼吸的放纵；于精神上，也觉我所得的情感，此时分外真切，到现在写此时，觉当时那样情形俨然在我眼前。但别方面，我又觉得是忘我一样，我的身体软化了似变成为冰山的冰与冰壑之水了，我的精神已与地上一片白茫茫的雪景及天上一片光蓝蓝的云色相混合而为一了。我在这二个景象——唯我与忘我——突隐突现的交叉上，我才知道冒险的人是以死为玩耍，为快乐的了（参看上章第四节关于冒险一段上）。

上所取的例证，当然是极粗浅与不极端的事，但所得的快乐已足令人视死如归了。若能领略真正的极端情爱时，其快乐更为无穷量了。现再以极端的恨说，它也能使人得到极端的快乐。侠客义士，当其悲歌淋漓，觉得惟有我才能做这样惊天动地的事业，这时何等痛快。但当其浩歌"壮士一去不复还"时，又觉得我不是我了，他也有无限的痛快。总而言之，唯我与忘我，在极端恨的人的心目中所得的快乐当然非普通人所能领略于万一。推而论及极端喜、极端怒、极端慈善、极端凶恶，他们都觉得有一种极端的美趣。这些极端感情的人，不但于本人上得到极端的痛快，并且于社会上也有极端的利益。社会所怕的是一群牛羊似的人类把社会拖累到与禽兽同等低劣的生活。若怀有极端的情感者，自然是一个非常人，当然有一种非常的行为给社会生色，给人类增光。情爱的，慈善的，固当有一些极端的人物为社会做柱石；即使仇恨的凶恶的，也不可无一些极端的怪杰以促人类的警悟。我们不单要提倡"爱的主义"，并且要提倡"恨的主义"。爱固然是美，而恨也是美。况且，凡能极端恨者才能极端爱，极端爱者才能极端恨。一社会上不能单有爱而无恨，也犹电子不能独有阴而无阳，宇宙吸力不能仅有吸而无推。由此可知宗教家的一味讲爱为偏于一端，而帝国主义的一味讲恨又未免失于所见不广了。凡完全的人物，遇到可爱时当极端爱，遇到可恨时又要极端恨，总不可有"中庸"。为社会计，也望有一班能极端爱者与一班极端恨者，总不可有牛羊似的人类！以理想说，极端的情感是使人心理上得到极端的美趣；以实用说，极端的情感又能使心理上用力少而收效则极大。这个有二种理由：一是因极端情感的人必是感觉极端灵敏，思念极端专一；二是因极端情感的人必能把唯我变成忘我，又能把忘我变成唯我。现把上第一理由先讲。

极端情感的人必是感觉极端灵敏，思念极端专一，所以于极细微的感觉中就能变为无穷大的情感。现就极端的爱情说：凡恋爱者偶见了爱人的一手帕，即足以引起了无穷尽的情感而可以做成一部"咏手帕"的情歌。只要爱人的眼角一传，脚跟一转，就能使用爱者生出了无限的风魔，而可以生，可以死，可以歌，可以泣，一切离奇古怪的行为与夫惊天动地的事业也都缘此而起。总之，极端用爱者的感觉是灵敏的，他能于一细点看出天大来，又常能于无中看出有，于有中看出一种格外生动的色彩出来。他的思念又是极端专一的，故能于极复杂的现象中得了一个整个的系统；而一切情感到他身上便如电气似的相吸引，只要一星原力，就能变成千万倍大的作用了。

又凡极端情感的人必能把唯我变成忘我，又能把忘我变成唯我，所以他于心理上其用力少而收效大。今从唯我变成忘我上说，这个即是把小我的情愫一变而为大我的扩张，此中心理上的出息极为巨大。例如孔德把他爱情妇个人的心怀，推广而为人道教上全人类的博爱，即是这个意思。凡由爱己而推及爱家，爱国，爱社会，爱宇宙，都是由小我的扩张而成为大我的作用的，反之，由忘我而变为唯我，即由大我而结晶为小我时，这个是"万物皆备于我一身"的意义，只要我情感一动，就觉天地间的情感一齐奔凑于我心坎之下听我使命一样，

美的人生观

相传阿波罗神笛一吹,万方神女与仙童一齐响应,能用极端情感的人,确有这样伟大的魔力哪!

以上所说,可见情感中以极端为最美与最有效用了。实则极端情感的好处,尚能由它生出极端的智慧与极端的志愿,这些理由待我们在下头去分论。

二、极端的智慧

就粗浅说,智慧可分为三种:(一)认识,(二)见识,(三)知识。认一物为玫瑰花是为认识,及后见其物而知为玫瑰花是为见识,一班普通人皆有这二个智识的。于无花时而能推知玫瑰是何形状,属何种类,有何作用,与何意义,这是"知识",唯科学家才能得到。但这样普通的与科学家的智识尚未能得到智识的深微,我们由是再进而求哲学家的"智慧"。智识重于经验,智慧重在领悟。智慧是于认识外求认识,见识外求见识,知识外求知识。智慧,一面是认识、见识、知识的综合物,一面乃是超认识、超见识、超知识的超象品。故智慧须经过认识、见识与知识的训练，而又要超出这些现象，专从于事物的底蕴上去探求。所以智慧是情感的物不是理智的物了。这个理由是智慧全靠于领悟，领悟不是从外来，乃从中心而出的。由此可知无情感的人，对事对物都是中心"空空如也"，自然不能领悟了。由此也可知凡有极端情感的人就能极端领悟，即凡有极端情感的人，同时也是极端智慧的人了。例如极端恋爱的人才能得到极端恋爱的智慧，即如英雄豪杰的学问都从他们热烈的情感所得来的，极端怀恨的人才能得到极端仇恨的智慧。又如奸雄恶徒的智识常极高出于常人，也由他们的情怀与人特别不同的结果。推而研究一花一草、一禽一兽、一声一电，必要研究的人对之有一种特别的情感，然后才能领悟其中的理由。我们应知道纯粹以理智去研究学问，所得的最多不过是一个普通的成绩，若以情感为思想的主体，及为心灵的活动力，再辅之以科学与哲学的方法，其所得的效果当然非常宏大。柏拉图之于哲学，释迦之于宗教，但丁之于诗歌，伽利略之于动学，牛顿之于吸力，爱因斯坦之于相对论，这都是"一片纯是光影，一片纯是游戏，一片纯是白净，一片纯是开悟"。至于老之于道，孔之于仁，墨翟与耶稣之于博爱，达尔文之于进化论，这些皆是一半领悟，一半执滞，所以未能完全成功。

领悟，不但于智慧上有无限的裨益，即于心理上的美趣及实用上的便利，更是非常宏大的。凡领悟的人极感美趣。愈极端领悟之人，愈觉得心中极端的美趣。领悟者于一切事的研究皆看做艺术，自然免有枯燥的痛苦。且他与"用力少而收效大"的大纲应用上有互相关联。领悟的人于极微细中看出极有宏大的作用，如牛顿之于苹果下坠，伽利略之于悬灯摇摆，就能推及于吸力及动力诸种道理的精深。

总之，要求极端的领悟，需要有极端的智慧；要求极端的智慧，须要有极端的情感。就本原说，情感与智慧同是一物,即是生命上的一种扩张力。诸位也知蜾蠃杀螟蛉的事了。蜾蠃为爱其子的生长,而能发明一种"蒙药",遂用其蜂蜇以灌其毒于螟蛉的脑髓,使其醉而不死,活而不动,以便为小蜾蠃生鲜的食粮。我由这例而推出凡由一种情感的作用,即能产生一种的智慧用以达到他情感上所希望的目的。所谓人类的科学知识不过把那些由情感所发明的智慧未完全处再去发展而已。但智慧所以未完全,乃由情感未极端的缘故,把情感发达到极端,则智慧自然也达到于极端,到这个地步,科学已不能再赘一词了。

三、极端的志愿

由极端的情感,同时达到极端的智慧,同时也达到极端的志愿。无情感的志愿则为"盲愿",如一味冲动无目的者之类。或为"迫愿",如饥要食渴要饮之类。或为"诱愿",如为利禄所动,就去执鞭奔走之类。以上三项皆不是志愿。真的志愿即

"情愿"，即由自己情感上觉得纯由自己愿去做的。推而论之，凡有极端的情感者，就能有极端的志愿。例如：极端恋爱的人必能死生不渝，危险不惧，一直去达到他的恋爱的目的。极端仇恨的人，必一定百屈不挠以达到他报仇的志愿而后已。反之，凡有极端志愿的人，同时必是极端情感的人，于此可以见出情感与志愿是一件，不是二物了。

极端志愿的人必定是刚毅果断，所以无疑惑犹豫的痛苦，而有痛快斩截的乐趣。这不但是美的，并且是用力少而出息大。极端志愿的人的运用心灵，好似舵师的运用舵一样，只要手指轻轻一转就把亿万斤重的船变了方向了。迟疑犹豫的人常把许多精力白费于左思右想而无一可的中间。刚毅果断的人辅之以极端的情感与极端的智慧，有如名将于战场千军万马中指挥如意，步步有着落，所往无不操胜算的。

由上说来我敢说若无情感为中枢，则知行不能合一的。"行易知难"，与"不知也能行"，这些是孙中山先生极精微的学说，用以补救王阳明知行合一的流弊实极有益。究竟，中山学说尚有缺点处，则在遗漏知与行的根源是情感的一物。依我意见，情、知、志是合一的。而我看情感为知识及志愿的根源。无情感则无知与行，有情感自然能知与能行。知与行的程度大小，全视情感的程度大小为标准。故愈有极端的情感，愈能得到极端的知与行。例如喜欢饮食的人自能发明许多饮食的味道，同时自能去实行搜罗饮食的物件。"燕窝"一物，取之甚难，其值甚贵，但因中国人所嗜好，遂以珍馐品之故，使许多人跋涉于海边石岩之中去寻求，并且于厨房内发明烹调它的方法。假设我人无口腹的嗜好，则视燕窝如普通物了，又谁肯去留意搜罗呢？推而论之，一切学问与行为都从我人一种情感所需求上去发明与进行的。情感即是生命，生命即是情感。生物与无机物不同处，就在生物有情感，无机物则无，所以生物有生命而无机物则否。故养成情感——尤其是极端情感的养成——为最紧要的事情。粗则为饮食、男女、器用、服饰的嗜好，精则为各种娱乐及各种艺术的表情皆当极端地去培养。这些情感分析上的养成法，我在上章都已略为说及了。至于综合上养成的方法，一在使各种神经灵敏，一在使意志专一，一在领略唯我与忘我的作用。例如我要爱一人当先把可爱的条件综合起来，组成为一个可爱的"焦点"，则我对此人当然极端的爱了。又如我恨一人，当先把可恨的条件组成为一可恨的"焦点"，则我对此人当然极端的恨了。

我前说人类本甚喜欢极端的，因为人性本是极端的；因为极端的利益处，一面使人得到极端的美趣；一面又使人用力少而收效大。但极端中又以极端的情感为最美趣，与用力最少而收效最大。因为它能把唯我扩张到忘我，又能把忘我结晶于唯我之中，因为它能生出极端的智慧与极端的志愿。心理力的最美处与最利便处的扩张方向，即是从极端情感、极端智慧、极端志愿的发展上看出，故我看这些的发展实为人类心理力上最好的扩张法。

第三节　美的宇宙观（美间、美流、美力）

就精神力在心理上充分的扩张说来，则得了"内兴"的生活，如我们在前节所说的极端情感、极端智慧、极端志愿的发展即是。就精神力于宇宙观上充分的扩张说来，则得了"外趣"的生活，在本节上所要说的美间、美流、美力，即是。我前说人类扩张力有五种，起于职业、科学、艺术，次为性育与娱乐，第三为美的思想，第四为情、知、志的发展，到宇宙观，则为最后的一件了。这五种扩张力分则为五，合则为一；分则为万殊的扩张，合则为一贯的聚集。因它们有一共同的目标即求如何达到于"至美"，它们有共同的作用，即是"用力少而收效大"。人们如能用这样扩张力做去，不怕何事不成，何趣不得，何乐不享了。并且凡能审美的人必是一个大创造家，他能把一切扩张力创造为至美丽与最便利的事业。我们在上头的四种扩张力，已经说明这些情形了。由本节上所说的，更可见出审美家创造力之大!

一、美间

空间一物,就常人看起来,有时也极美丽的。"月上柳梢头","日落江湖白,潮来天地青",及那些"墟里上孤烟"等景致,谁也说它们是极有趣的。可惜俗人不能利用与发展自然的美景,常反把它们弄到极丑劣。现拿北京城说,这片好好大平原竟被北京人堆满了肮脏的屎尿及恶劣的屋宇,造成了一个丑极臭极的环境了。若就审美家看来,空间是一幅图画,是一件音乐,是一个剧场,有声有色而且活动的。若在丑恶的环境中,他又能如绘画家及照相家一样专从那美丽方面去领略。例如:于景山顶上凭眺北京城,近景则有辉煌的宫殿在前头,北海在其右,后门街道平直如线,其东则有北京大学第一院洋楼矗立于其间。远望之,于眼光模糊中愈觉得北京城广大无垠,住户鳞次,树木点缀得极参差有韵致。这样所看的北京比较上是一个极美丽的城市了。所有一切故宫的凋零,破烂的与禽兽巢穴式的贫民屋宇不见眼了,野蛮街道上的尿屎和灰尘不触鼻了,乞丐与穷人呼号的惨声不闻我耳而撼我脑了。由上例说,凡于无可奈何的环境中而择一美丽的地方以自娱,这个叫做"择境","境由人择"的确有可能性,但境不能由心造,因为我们如处在一个恶劣的环境,则虽心地如何愉快,终免不了受外界的影响而变成悲观。故与其说心造境,不如说境造心为确切,所以住居必在胜景的地方,然后心思与行为才免受俗尘所染。

于择境后,尚须择时。怎么叫做择时?它是把所得的美景扩张到无穷大的方法。再以景山顶说,在平时的登临,仅能得到上头所说的美景而已。但我与友人于夕阳西下时,登景山而领略那北海烟霞,西山暮霭,景山与北海及西山好像打成一条线;前时所见的仅限于景山一隅的美象,现已推广到西山顶上;再由西山顶上的回照,从天空而折到景山,把景山、北海、西山与天合成为一个椭圆球面的屏形了。有时我则与友人于下雪时入景山，则见漫天黑鸦在旧宫颓殿中绕白松古柏上下飞鸣，觉得别具有一种感触，并且使原有景致增添了无限的美丽。由上说来，环境虽前后一样，而所见的景象则彼此完全不相同，这个就是"择时"的效果。再把我与友人亲身经验的拿来做解释吧。我们常觉得日间所见的北京中央公园不如夜间见的美，夜间灯光明亮时，又不如在月色迷离时所见的美。此中理由是日间和夜间灯光明亮时把气魄窄小的中央公园全盘托出。但在迷离的月色时，若立于"社稷坛"的中间，恍惚间见了这一边的宫殿楼台何等宏壮，那一边又似有了一无穷广大的古柏树林，无形中忽觉得中央公园倍加广大，好似北京面积全为公园所占尽，而又与天上相连接为一气。在此情景之下，一切风景也觉倍加妩媚，人居其中如被罩在兜率宫和离恨天一样了！

可是，善审美者对于美间景象的领略尚不止此。他更进而从数理、艺术及形学（旧称几何）

等去寻求。由肉眼看去，虽觉得一个环境可变为无穷大，但不能领悟"无穷大"深微的道理，唯有数理才能给我们无穷大，无穷小，无穷尽各种观念的妙趣。再由肉眼看去，一个风景可说是无限美，但究竟怎么美则极茫然；唯有艺术家能知这个风景的美量到何地步，其无限美的意义，也觉得极清楚。我尝在法国一个最美丽的湖山风景上听一画家说："此处的光彩刻刻变幻不同，因我的眼太灵敏了，所以手终追不到眼所见那样快的变幻！我唯有搓手搁笔，仅用眼去领略而已。"我自己一次在柏林附近的一湖上划艇，也常得到这样妙境。约略在夕阳下山一点钟前，但见日影穿过树林时，山色湖光，倏红，倏紫，倏蓝，倏青，倏黄，而于红、紫、蓝、青、黄经过的最短时间中尚有无穷尽的间合色。我不是艺术家，不能领略此中无限美的真意。我唯有唱"颠不剌的见了万千，这般好景色罕曾见，我眼花缭乱口难言，魂灵儿飞去半天"而已！更就形学上看空间则愈能得到美间的大观，所谓直线美、曲线美、平均线美，圆形、椭圆形、心形等等的美丽，在自然上随处可以得到。至爱因斯坦把吸力代做"加速率"的形状解释后，人始知这个大世界乃是由那些无穷尽的球面屏形的小世界所缀合而成。各小世界各具有一种屏形，屏的点缀物即是许多的星辰。这些无穷尽的玲珑透彻的屏形各个互相关照，互相辉映，以成就了这个大世界。故这大世界好似一个无尽头的高、低、广、宽的塔形，由无穷数的层层屏形所合成，又把无穷数的星辰当做灯光用一样的美丽。我常于夜间看天形，确是这样美的世界。我深觉普通的天文学识，极当于国民学校及小学校时代中灌输入去，以养成美间的观念而提高"小我"的人格！

又审美家所领略的美间不是静止和不变的色彩，他知空间是由许多活动变幻的电子所合成的。电子时时活动变幻，所以空间的色彩也是时时活动变幻。秋云、夏雨、冬雪、春风，四时的光景不同，即在一地的风景由朝至暮看去也觉得大差异，这是电子在空中变动时所表示的现象。因它们继续不停的活动力，而生出种种新奇的声声、色色、事事、物物以成就了宇宙的大观：虹影，云霓，电光横空，雷声震地，海啸，风吼，北极的回光，银河的泻影，月晕了，星坠了，地震陷了，火山爆裂了，太平洋凸出若干丈，喜马拉雅山深深地陷下去了！这些变幻不定的现象，使我人得了关于美间上无穷尽的美趣。这个变迁，活动，递生递灭的空间当然不是俗人所住居的永久不变的丑与臭的环境所能比拟了。这样美间的变迁，别方面，即成一种"美流"的现象，因空间与时间乃是一物，从其一片不分时看去为美间，而从其此片到那片的变动时则为美流，实则，空间与时间不过一种力所表示的现象罢了。

二、美流

时间有二种意义：一为社会上通用的，即"空间的时间"，如每天有二十四点钟之类；一为

"心理的时间",即各人所觉的,柏格森叫做"生命流",可惜他的学说流入玄学的神秘,我今叫"心理的时间"为"美流",全在心理发展上的现象去考究。

美流是一种精神力经过心理的作用而发展于外的现象。它的进行乃从最美的方面与采取"用力少而收效大"的方法。柏氏尝比生命,如一雪球乱滚,于滚时逐层吸收外边的雪花以成就它逐渐增大的整个球形。这样球形全是一色的雪花所合成,所以不能去逐层认识它从前吸收所经过的痕迹。这样的学说,看生命自然是"内包"的,故有一种不可思议的神秘。我今看生命流乃是一条瀑布从山顶上向了万丈深壑倾泻下去,它是"外展"的不是内包的。各人生命的经过全靠他所经历的路程,而我们从他所经历的路程看去,自然是了如指掌毫无神秘的意义了。譬如一条瀑布在山上与山下的水量固是一样多,但从山顶到山下一路上所发展的水力为无穷大。美流在生命的发展,也似这样的瀑布状态。同一样的生命,各因其流的发展,而生种种不同的效果。美的生命流是要从最高的峰上与最便利的路程倾泻出去的。它要使点点皆变成为细沫,点点细沫变成为云霞的光丽,电气的作用,热力的济物利人!所以美的生命流于每一发泄时必要得到充满的生命而后快。"充满的生命"即在于极端情感、极端智慧和极端志愿与极端审美时得到。今仅以情感说:当我人极端快乐时,我们觉得"空间的时间"甚短一样。究竟这个"空间的时间"固甚短,而我人所得到的"心理的时间"则极长。因为我人在这情景之下觉得我们生命是充满了这个物了,觉得并无第二件事去混入生命了,故这个"充满的生命"的享用,一边,能使人于极短"空间的时间"中而得了无穷长的"心理的时间",谁不觉得于一个最短的晚景或晨曦的赏玩好似经过了无限的光阴(心理的光阴)一样呢。别的一方面,这个"充满的生命"能使人把现在所得的景象继续存留下去而无终止。例如恋爱一人而相思憔悴以至于死，这个就是把他的情感继续保存下去，以致他所思想者，所感触者，皆是一样物在其中活动变幻的好证据。任你如何要摆脱要消遣，终是不能摆脱不能消遣，好似春蚕自缚，灯蛾扑火，终不能跳出其情圈！我常考究这个现象，而得了一个"现在长存"的生命。凡能极端去发展情感，或极端智慧，或极端志愿，或极端审美者，即能得到一种"现在长存"的美流。情爱也可，怨恨也可，快乐也可，忧愁也可，如使我人于其中得到"充满的生命"，则我们自能把一时所得的情感延成为无穷期的"现在"，而无过去与未来二个时间了。这样生命，快乐者必永久快乐，如一班乐天派之人；痛苦者必永久痛苦，如一班忧天派之人。他与常人不同处，常人常有过去懊悔的痛苦与得意的快乐，常有未来希望的快乐与患失患得的痛苦。常人是把生命分成三截的：过去、现在、未来，而现在的时间甚少，全被过去及未来所拿去。享受"充满的生命"的人则唯有"现在"。我以为美流的作用，即在使人们不觉一切的痛苦而使其常有"现在长存"的快乐。我们在上节说能极端去发展者，爱与恨都能得到极端的快乐。故唯有能极端扩充其情感、智慧、志愿及审美性者能得了"充满的生命"，而同时能享受"现在长存"的快乐。这种人不会如宗教家希望未来的天堂那样痛苦，他的天堂即在他的生命所经历的现在。最紧要的是这些人既不是如常人有"未来"的观念，所以他不觉有"死"一回事。因为他仅有现在的美流继续生存下去，他的生活的经过好似睡人一样。睡人不知何时睡去与何时醒来。自入睡至醒时，睡人仅觉得一个"现在长存"的时间。在这样的时间，睡人自然不知有始有终，当其醒时他已不在睡境了。凡享受"现在长存"的生命者，他即在长期的梦境，但他是一个"自觉的睡人"，当其生时，他并不知有死一回事，及其死时他也不知有死一回事，因为他所知者仅是他现在的生命，死时不是他的现在的生命，所以他不能知了。更进一层说，凡"现在"的发展是无穷尽的，一秒钟即等于千万年一样。自生到死，总有一倏忽时间的界限，而此一倏忽间，生者总不能知有死能到头，因为一倏忽的时间，由彼看来为无穷尽的时间总是跳越不完的（参看罗素关于无穷数一问题的讨论）。故凡能纯粹享用现在的快乐生命者，不但无过去的烦恼，并且无死境的可怕！这个不是玄学，乃是心理学的作用。时间一变为美流，自然是心理的物件，这个心理的享用乃是确确切切的现象，不是神秘的东西了。

现在最难的问题即在怎么能把精神力变成美流而使其继续成为现在的生活。这个可用二方面去创造：一方面由各个生活上去造成美流，这个当依我们在上章所说的先把一切生活美化，同时又使它变成美流；另一方面把各个美的生活所变成的美流组合起来为一整个的美流，然后由极端的情感向一极美的空间去发展扩张。设一切生活的事情都是美的，则我人在这样生活上所经过的时间也都是美了。我人所经过的时间，既然全由这样美的生活的经历所造成，则自然无有别的恶潮流来掺杂，所以觉得一切的时间皆是一条线而无间断的美流了。并且，照我们上节所说的极端心理派做去，则由极少的美力就能扩充为无穷大的美流，以延成为一条无穷尽的美河，所以能享美的生命的人，他的快乐全在最确切的"现在"，而这个"现在"乃是无穷尽的长线形。这个道理待与下段所要讲的美力互相证明之后，更加明白。

三、美力

我们在上头的"导言"上已经说明世界乃由一切的物力所合，成了。但这些物力我们当使它变成为美力，而后我们始能利用它发展它为人类的无穷宝藏。今就世界上的物力分类研究起来则有三项，即自然力、心理力、社会力，待在下头逐项去讨论。

（甲）自然力。例如煤力、风力、电力、水力、日力等，当人类未能去制御之前，这些力皆能使我们可惊可怕的，及为我们所利用之后，反觉得为最美丽最利益之物了。人类得了这些力的帮助，觉得人类的力量是无穷高大，而自然的一切力都是人类的驱遣物了。可是利用这些力的方法虽有些已达到，但如何发展它们的力量到无穷大，尚是一个未解决的问题。现在人类最能利用自然力者仅有煤力一项，并且今日工厂所利用的煤力，计所出息的热力，其实不及煤力原有的千分之一；即是照好方法做去，将来一斤煤所出的热力，可以当做现在的一千斤煤用。（以北京冬天烧煤取暖说，苟能改所用的炉为德国式，则用同样的煤量，可以多出了许多倍的热力。再以"脑威箱"说，乃用一个木箱，周围紧紧地包满了破絮等类能保存热力的物，把初煮滚的锅放入箱内，用厚盖遮紧，则锅在箱中继续慢慢地沸开，待时取用，便得熟物。）我常想人类蠢极了，中国人更是蠢中又蠢的蠢物。把取之不尽用之不竭的电力、风力、水力、日力听其自然发泄，只知从地穴中去掘取那有限数的煤块。驱若干好好的人类为地中黑暗如蚯蚓的生活已极不合算了。况且一旦煤尽,机器必尽停歇,而再退为野蛮时代的工作了。故我极望我们研究如何把自然力利用与发展起来,以成就美力第一步的成功才可。我乡旁有一大瀑布,从十里高的山顶泻下,若我有钱则安机于其下,把所得的电力,或为电车之用,使我邑、我县、我州有电车交通的便利;或为电灯电炉等之用,使四围的山乡皆得了电力的利益。又我县有高山大海,于高山上利用其风力、日力,于海上利用其潮力,则一县可以供给全省全国工业与交通上一切消费力之用。由此推之,各乡邑,各州县,皆可利用其自然力以自给与给人,则在寒地的地方,冬天可使热力罩满了全城而得温暖的气候;其在热地者,可使一切力化为电扇与冰水以济一切人民的热渴。用自然力为无线电以与环球通消息。用自然力为极大的灯光,以照遍全城,并与别星球传记号。这些美的自然力大作用如能得到,人类到此,才可说是把世间的物质变为物力,把物力变为美力，把一点的美力变为无穷大的美力了，这样生活才是美的生活！

（乙）心理力。心理力的作用，我已在本章第二节上及本节第二段上略为说及。究竟如何把心理力达到最利用与最发展的详细方法，我们再当于此略谈一谈。心理力就大纲说可从四方面去看：一为情感，二为智慧，三为志愿，四为审美。这些事，我们在上头说当从极端去发展，才能得到它们的美丽与功用。但"极端"这个意义，乃是一种结果，至于如何能成为极端的手续，即为我们现在所要研究了。我以为要使一点心理力变成为极高度的作用，当从"利用"与"发展"二个手续上做工夫。先以情感说，当从"会用情感"入手。如要恋爱者当从我在本章"总论"上所说的"爱情定则"做去才好。世人都是不会用情的，而中国人更不知有情感一回事。俗所谓"感情作用"即是不应用情而用情的代名词。善用情者把心力用到恰恰好处，如父母与子女，夫和妻，朋友的相与，仇人的相待，都要各依其相关的地位，去用相当的情感。不会用情的中国人，每把夫妻做极无趣味的伴侣相对待，而以朋友为仇人，仇人为朋友的更不知若干！但于会用情感之后，尚要使它为"情化"然后才能使情感达到极端的发展。我想凡能把情感为美化，就能得到"情化"的作用。例如，因其人容貌美而爱之，已足令人风魔。若能爱其"心地之美"则更令人颠倒无似了。美是情爱的根源，因美而后发生情爱，因美而能继续与增高其情爱。看一美画，初看已觉其可爱，愈看愈觉其可爱，爱到极时几将餐其色而吞其光，这个即达到于"情化"的妙境了。对爱如此，于恨亦然。会用恨者觉得心中极有美趣，愈觉其恨的美趣，愈觉恨的可爱，爱到极点时，几不能辨别恨与爱为二物了。

再就智慧说，第一也须会利用其智慧，末后才去极端上发展。利用智慧的方法即把所要研究的学问，一面用分析的功夫，把这个学问条分缕析起来，务使巨细无遗；一面又要把它综合起来，即把关系于这个学问所有一切事情组为一块而观其全。此外，更当求了研究这个学问的种种补助方法，如记忆、经验、试验等等。经过这样"会用智慧"方法之后，我们当再进而求领悟之法。这个全在"聚精会神"的作用。例如作文，初执笔时，心中觉有几种粗具大规模的计划而已，但愈用神时，才思愈出，此时作者觉全身热起来了，觉得脑中电子好似爆裂一样了，忽然间灵境显现，灵脑想到，灵眼觑见，灵手捉住，灵笔写出。故妙文都是于一刻前一刻后想不及的，必待到了一定的时候才能出现，我人由此可知凡对于一切智慧的领悟，总要下一番死工夫，面壁九年才能悟出一点臭佛味来，你想深妙的领悟何等困难！可是，我所主张的领悟，乃是从美的与活动的方面去进行，自然于聚精会神中不觉其苦而觉其乐。如我人要领悟宇宙的道理，则当于月夜高山之上，大海之滨寻求之。要领悟人生的状态么？则于社交上的一切人情变幻中求之。如此而求领悟的道理，则于进行上步步觉得快乐，因我们步步活动地做去，而步步能利用我们的美力，自有一日对于所要求的目的豁然贯通了。

志愿一物在心理上的表现，好似一个炸弹一样。它未发时似是无物，当它发时则不可御。故要求好志愿，第一须会用其力不至消失与乱掷，继使其储力发展为无穷大的现力。必要使其力有一"焦点"的汇集，然后其爆发时有无限量的效果。但利用志愿的方法有积极消极二手续。积极的，则照我们在上节所说，当从极端情感上做工夫，自能得到极端的"情愿"的成绩。消极的，则时时刻刻需要"容忍"，使志愿不至零星发散。至于发展志愿的方法，当从养成"刚毅"的美德入手。凡既认一事应当做，即取刚强勇敢的精神不惧无畏的态度去达到极端志愿的目的。刚毅是极美的，它极似炸弹的美力，能炸得响，炸得痛快，炸得功效大。俗恐"过刚则折"，但凡能使用极端的刚毅者，他不会折，乃是爆裂，如炸弹一样的爆裂，使其中的储力变成为无穷大的扩张。会极端爆发的物,即是把物质变成物力,物力变成美力,一点美力变成为极大的美力呢。故要极端地使我们的志愿力很好爆发出来,需要养成"刚毅"的美德为导火线。

情感、智慧、志愿,三种心理力的发展全是以"美"为依归。俗人所以不能有极端的情感、智慧与志愿者,乃因他们对这些事毫无兴趣,凡人能审美者,自能养成心理的"内兴"与"外趣",而得到一切好的情感、智慧和志愿。故审美一项,乃心理力发展上最紧要的原料。由极端的审美性以养成极端的情感、智慧与志愿,这是新的心理学上所当注意的问题。我们在此书上所讲求的,即在求美的种种方法,使一切的物力与心理力变化为美力的作用。但我们须于下项说及美的社会力,以促成一切美力的作用。

(丙)社会力。现时个人的力量不能善用,一半由于自己的罪过,一半由于社会的不好组织。所谓法律、政治、经济、教育、实业、军旅、交通、工程，以及一切的制度与风俗等皆当用最美善的方法去组织，使这些社会力有条理，有系统，而达到于极端美丽的目标与用力少而收效大的成绩。有好组织的社会，一班普通人的行为自然而然会好起来了。故组织好社会，是"特别人"的责任与兴趣，而享用好社会的组织，乃是一班"普通人"的幸福。特别人物是要做先锋，用大刀阔斧去斩荆棘，开新路的；能从事于"作始"的事业，任劳和任怨，才觉有无穷的兴趣。诸君！我们社会尚是在混沌情状之下，这正是男儿大有为的时候！努力进行吧！把一切社会力组织得好，计那普通人们去享用，岂不是我们无穷的乐趣吗？至于这些社会力的现象极复杂，利用及发展这些力的手续又极繁杂，我们唯有待在《美的社会组织法》一书上去详谈吧。

就本节做一结束：我们是把空间代为美间，时间代为美流，物力代为美力。这些美间、美流、美力，不但是美的，并且于实用上能用力极少而收效极大的。就本节与全书的关系上做一结束，我们是要把宇宙间的一切事物都创造成为美丽的与用力少而收效大的。那么，宇宙一切事物既是美的，而人生观必同时是美的了。实则，宇宙一切美都是以美的人生观为根据去创造成的，所以美的人生观，一面，是一切物的指挥人，它的地位极占重要；别一面上，它又是一切美中的极复杂者，它一边是艺术化，一边是娱乐化，一边又是情感化，一边更是宇宙化。但它于极复杂中又极统一，一切艺术、娱乐、情感、宇宙观，都是以美为目标，为根据，为依归。美一而已，而美的现象可以千万变而不穷。善审美者能在千万变不穷的美象中，而求得美的一贯的系统，故他能于衣、食、住、身体、职业、科学、艺术与性育、娱乐和思想上及心理上与宇宙观各种事情中领略各个的美丽与一贯的作用。世有擅长"天乐"者乎？我望其神笛横吹这个美的人生观到天上人间去，使细如电子尘埃，大如银河世界，一齐来与我们携手于美间中的美流上，用了无穷大的美力，跳下一个五光十彩而极和谐的"天人舞"！

结　论

在美的人生观中，尚有静美与动美，优美与宏美，及真、善、美合一的三种问题，应当在此总结束上付诸讨论。看我书者，已能逆料我所主张的必为动美，为宏美与美为一切行为的根本了，但我对于静美，优美，及真、善各方面也有相当的赞许。例如以"动美"与"静美"二方面说，我看动是人类本性：脉搏跳跃，呼吸继续，无时停止，稍停即死，可见生理是动的物了；以思想说，大思小思，急思缓思，无时不思，虽睡尚思，可见心理是活动的物了；社会事物，变迁不居，进化退步，因时演绎，人为社会之一物，不能不与社会相周旋，可见人类行为是活动的物了。愈能活动，愈能生新机而免腐败：水活动而不臭，地活动而不坠，人如活动，则身体可得壮健而精神可得灵敏。故动的美，为宇宙内一切物要生存上不可缺的。可惜东方人不知道这个动美的道理，而误认以静为美了。西洋人又不知动美的真义，以致一味乱动而无次序了。实则，静有时也是美的，因为它是蓄精养锐，待时而动的妙境，这样静象当然是极需要的。我们所反对的是一味以静为美，势必使生命变成死象，这个是极危险了。究竟，动比静好的理由有二：

（1）凡动极的必有静，这样静境不过是比较上稍为不动而已，实际上它尚是继续去活动与进取。但凡静极的必不能动，它已变成死态了，不能再复人类原有的生机了。

（2）动的，假设是乱动，尚望于进行时得到一个好教训，重新取了好方向；若静的，假设是好的，善的，也不过成一个固定形不能进化的静象而已，终不能望有大出息。由这两面的比较，可见静终不如动了。

我想我国人的性质也是与人相同本是好动的。试看黄帝时代，逐蚩尤而争中原，那时民族何等活泼！到如今除了一些乱动的军阀外，我们大多数人终是喜欢静的了。循此静的态度做去不用别种恶德即可灭身亡国。缠足，是要女子静的结果，务使女子成为多愁多病身，然后是美人！男的食鸦片，尺二指甲长，宽衣大褂，说话哼哼做蚊声，然后谓之温文尔雅的书生（说话清楚斩截，伶俐切当，才是美丽。现时国人的说话习惯太坏了，或一味打官话；或混乱无头绪，无逻辑。故逻辑、辩学、修辞学等项的研究实在不可少了）。这些都是好静的恶结果，极望我人今后改变方向，从活动的途径去进行，使身体与精神皆得了动美的成绩，这是我对于美的人生观上提倡动美的理由。

论及优美与宏美（或做壮美）二项上，我国人优美有余（气象雍容）而宏美不足（度量与志气皆狭小)。宏美的伟大,能使未习惯它的人骇怕。例如登喜马拉雅峰而惊天高,临东海而叹巨洋的浩瀚,探百丈的深渊,目眩足颤,似是灵魂出了躯壳一样。但不讲求宏美的人,直不知道美的精深。凡"无穷大"、"无穷小"、"无穷高"、"无穷低"与"无穷尽"等等的美丽,需要从宏美中去寻求。优美的美,也必以宏美为衬托而后才觉无穷的趣乐。例如中国人谈风景者必说西湖为最美。我尝流连于其间,觉得西湖的美丽乃是小家碧玉,气度狭小的,一班人不惯看那宏美,难怪以西湖为自足了。

  我今要提高中国人宏美的气魄,试与他们一游黄河的形势吧,则见有那九曲风涛,疑是银河落九天的壮观;再与他们看钱塘江的怒潮三叠吼奔而至,或与他们登泰山看日出满天红,观东海的水天一色而不知其涯岸。这些伟大的美趣,岂那一望而尽的西湖,水不腾波,而满山濯濯如美人头上无发所能比拟么?由此说来,能养成宏美的观念者,始能领略无穷大，无穷小，无穷尽，无限精微的趣味；同时，自然是气魄大，度量大，潇洒不凡，风韵不俗而具有各种优美的态度了。但凡养成优美的观念，而不以宏美为意者，则常流入于狭小，于偏窄，于穷酸气。

再就人生行为与做事上说，我国人因无宏美做目标，凡一切的经营都是苟安敷衍，脱不了小鬼头的态度。试看德人经营莱比锡的图书馆以二百年的发展为期，以达到世界第一图书馆为志愿，又试看他们在十年前五万余吨东方通商船只的伟观，这些凡事必达"巨观"（colossal）的奢望，实在为德国民族的光荣。即以现在的美国说，他们无一不要以"世界第一"为目的，这样宏大的观念，当然能产生宏大的出息，而使人类上或一民族上享受宏大的幸福。不见我们的万里长城么？得它而后免使北方夷狄蹂躏中国古代的文化。又不见我们的运河吗？有它而后南北得了商业及文化上交通传播的便利。这些皆是从宏大的地方着想而生的效果呢。人们所怕的是自足，自足则画圈自限不再发展，势必不能进步而终于腐败。宏大的美，就是救济这个自足的良方，提高人们一切进化的关键，这是我对于美的人生观上提倡宏美的理由。

末了，从前的道德家以为人生的行为，善而已矣。在今日的科学世界，则有主张人生的行为，真而已矣。依我的意，善而不美则为"善棍"，其上者也不过妇人之仁，如今日狭义的慈善家仅知头痛治头，足痛治足之类，于社会上实无有善德可记，其流弊且养成了社会上许多的惰民。至于真的定义，更无标准。科学定则，与时进化变迁，在科学上，已无"真"的可说，其在活动的创造的人生观上，当然更无真的一回事了。

故我主张美的，广义的美的，这个广义的美，一面即是善的、真的综合物；一面又是超于善，超于真。读《水浒传》后，谁不赞叹鲁智深及李逵行为的美丽，而忘其凶暴；读《三国演义》后，谁不赏识诸葛孔明的机巧而忘其谲诈。大美不讲小善与小真；大美，即是大善，大真，故美能统摄善与真，而善与真必要以美为根底而后可。由此说来，可见美是一切人生行为的根源了，这是我对于美的人生观上提倡"唯美主义"的理由。

除了以上所提倡三个理由之外，我们的希望更是无穷尽的。希望人们若依我们的人生观做去，自然能组织又能创造，能和平兼能奋斗，能英雄又能儿女，能理想兼能实行。这些观念，看此书者当各具慧眼用灵心去领略理会，恕我不能一一详说了。

美的社会组织法

据 1925 年 12 月北京大学出版部第 1 版印出。

集合国内外对于生活、情感、艺术及自然的一切美，具有兴趣和有心得者成了这部"审美丛书"。（一）希望以"艺术方法"提高科学方法及哲学方法的作用；（二）希望以"美治主义"为社会一切事业组织上的根本政策；（三）希望以"美的人生观"救治了那些丑陋与卑劣的人生观。希望无穷尽，工作勿许辍，前途虽辽远，成功或可期。**Labor omnia vincit improbus.**

（本丛书已出了一本《美的人生观》，此书与它是姐妹行，并观参较，意义更为彰明。）

导　言

　　从人类的行为与社会的结构上一行观察，我人可以得了一个进化的定则，即是社会如个人一样，当其幼稚的时代，他们对于外界的事情仅会模仿；及后，渐知创造了；再进，始能从事于种种事业的组织。这个进化的定则：模仿—创造—组织，关系于人类的行为及社会的结构至重且大：一面，我们由它进化的程度，可以判断个人，或社会的文化高低；一面，凡个人或社会的兴亡全视它在某时期的进化，能否达到某项的程度为依归。这些问题太大了，我们不能在此来详说，拟由专书去讨论。

但有一事应当留意者,组织为人类及社会最高的进程,它比模仿及创造较有万倍的重要。凡会模仿与能创造的社会,未必能善于组织。但会组织的社会,同时就能善于模仿,同时也必善于创造。反之,凡无组织的社会,一边,必使先前所模仿与创造者破坏无遗;一边,又必不能再好好去模仿与创造。今就以现时我国与日本的社会为证明吧:我们的社会混乱无条理,以致先前所模仿与创造者渐就消灭,而对于他人现在的好模范,我们也都学不来了。说及现在的新创造力竟是等于零了。至于日本的社会,因为有好组织,所以它能如"黄猴子"一样,惟妙惟肖地采用欧美的成规,又其创造力现在虽觉薄弱,但继续下去必有可观的一日。究竟组织的好处与无组织的坏处的理由,看下头几个纲领就叫知道了。先说有组织的好处,因为它能:

（1）从无组织到有；（2）从小组织到大；（3）从劣组织到好；（4）从乱组织到整。

至于无组织或恶组织的社会,则造成下头几个极坏的结果：

（1）从有破坏到无；（2）从大毁灭到小；（3）从好改变到劣；（4）从整纷扰到乱。

你要证据吗？我就给了我国及美国为例子。我们仅有的一条运河，几线铁路，初办时也觉规模宏大，到而今，运河淤塞到连比外国的小沟也不如了。说及铁路更觉惭愧，黄河桥将陷落无人管，甚至坐客无车辆，钟点无定准，恐不再几时连车轨也被军阀拆完，车费也被办事偷尽，车当然不能行，或则就全押到外人手里去了。这个"从好办到坏，从坏办到无"的怪现象，在我国无事不是这个样子的。试看一座名刹、一处名胜、一间学校、一个公司、一所衙门，初办时无不赫赫煌煌，及后则不免倒的倒，缩小的缩小，有的连影子都无，有的仅剩了招牌，这些皆可见出凡无组织的社会，诸事皆不能有保存与发展的希望。但请一看美国的情形就觉大大不同了。他们的巴拿马运河，开凿得好，保存得法。他们蛛丝网的铁路，经营得好，管理得法。他们如林的工厂，似云的货物，不必说皆是他们善于组织所得来。

　　故我们可说，今后我国若要图存，非先讲求组织的方法不可。我们第一步当学美国的经济组织法，使我国先臻于富裕之境。我们第二步当学日本军国民的组织法，使我国再进为强盛之邦。这个富与强的组织法当然极关重要，可惜我们不能在此处从长去讨论。我在此书所特别注意者，乃是一个美的、艺术的、情感的组织法。但我想这个比富强的组织法更要紧。一因凡社会能从美的、艺术的与情感的方面去组织，同时就能达到富与强。一因凡富与强的组织，如无美的、艺术的、情感的元素，则富的不免流成为资本家的凶恶及守财奴的乏味，强的不免如盗贼式的侵夺与凶徒样的专横。

　　组织组织！组织到使我们个人与社会皆成为美的、艺术的及情感的成绩。组织组织！我们无论为自己，为一家，为国，为社会，以及为百种事业，皆当讲求最美的组织法。组织组织！这个组织的才能一面全恃教育的养成，一面则全靠个人的修养。所以我们今后的学校应有一门必修科的"组织法"，在小学校的则教学生怎样组织个人及家庭。在中学及大学的，则教他们怎样组织社会的各种事业。务使"组织法"成为一种科学的学问，使人确确实实地能学得到它，而后由个人的修养与才能去发挥。故组织一方面是科学的，人人皆可学而能的。但一方面，又是艺术的，各人于学到组织的学问后，全视各人的艺术方法去断定他实行时成绩的大小。

总之，我们今后所希望于国人者，惟在组织的才能与人格的养成。这个组织的学问与方法千端万绪，本书所贡献者不过一鳞一爪而已。但私心所敢自夸者，第一，凡看此书后，或能得到些组织的常识。第二，所得到的组织常识与方法，乃是关于美的、艺术的、情感的，不是铜臭的、凶横的与无聊赖的。换句话说，我们所要组织的不是单为经济及军政的社会，故我们所组织的，其结果当然比现在各强国的社会好得万倍。第三，希望看此书后的组织家由此得到有高尚的目标、强大的毅力，与艺术的方法及笃实的行为。这些美德，凡要养成为我们理想的组织家不能不具备的。这样的组织家与现在一班普通的组织家不相同处就在此。末了，我也知道这书中所说的于我们的社会有些极涉于理想不易于实现的事情。但社会事任人自为之！假使我辈为社会有势力之人，说不定凡书中所说的皆能一一见诸实行。倘若此书长此终古作为乌托邦的后继呢，则我也不枉悔，因为它虽不能见诸事实，可是我已得到慰情与舒怀了。故我所希望于读者看此书为最切实用的社会书也可，或看为最虚无的小说书也无不可，横竖，我写我心中所希望的社会就是了，实行也好，梦想也好，我写出后，我心意已快活就足了。

1925年12月北京

第一章　情爱与美趣的社会

组织方法：把社会的事业分为三项：（一）为男子所专有，（二）为女子所专有，（三）为男女所共有。凡一切粗重丑臭的工作应该由男子担任。凡一切轻巧精美的工作应该由女子担任。此外，关于一切智慧及情感的工作则由男女共同去担任。今略作简表如下：

男子所专有的事业	女子所专有的事业
一切运输上的工作； 工厂的工作； 除秽夫及清道夫； 一切苦工与粗工；	一切慈善的事业（看护妇、保姆等）； 一切装饰店（绣店、花店、花辫店、香水店等）；

续表

男子所专有的事业	女子所专有的事业
农业； 男衣服店、男剪发店、洗衣服店等	女衣服店、女剪发店； 一切修容术店（如画眉、点睛、修指、擦甲等）； 一切点心店、糖食店、饮料店、饭店等； 一切商业及家庭的佣人； 园艺（种菜、花及果）、家政等

男女共同担任的事业
一切工程师； 科学、教育、政治、商业、律师、会计、医生； 图书馆、印刷、邮政、新闻事业、游历机关； 音乐、跳舞、图画、雕刻、文学等； 牧畜、渔、猎、厨房术等

说明：美的社会组织法的宗旨，第一，在使社会的人彼此相亲相爱。且所亲爱的动机，非出于宗教式的迷信、政治式的胁迫、法律式的严酷与经济式的奴隶，乃出于一种信仰式的欣悦、科学式的着实、哲学式的高尚与艺术式的甜蜜。第二，使社会的人皆养成各种真正审美的观念。为要达到这些希望起见，我们所以从美的事业与情感入手。

社会是建筑在事业之上的。请你告诉我那个社会有什么事业，我就能告诉你那个社会是什么情状。究竟，事业的意义比经济更大，与其说人类历史是"经济观"的，反不如说它为"事业观"的较对。这层对于马克思学说的修改关系极大。经济是职业的出产品，但职业不过为许多事业中的一种而已，社会乃是由许多事业——但不是单由职业——所组织而成。事业与职业的分别：职业仅为经济的根源，至于事业比此更有广大的意义，它除了为经济的根源外，并且为人类生活、情感、思想、志愿、艺术及政治一切的根源。先前的社会固然以经济的职业占大势力，但以后人类当然把为利的职业减少，而多求为社会服务的公益事业。

自渔、猎、畜牧变为农及工业以来，人类的工作分开了为二途同时并进：一为"需要的职业"，而一为"艺术的事业"。但此间有一进化的定则，即一切需要的职业渐渐变成为艺术化，而艺术的事业更日加发展与提高。今以工业的社会说，它受了机器之赐，故其需要的职业比农业时代的较为质精而物良。至于艺术的作品比前的时代又较为发达。由此推之，今后社会的事业必愈趋于艺术化可无疑义。机器的出品必愈求其"奇技淫巧"以便推广其销路。再谈到艺术的事业，其范围必日益推广，自饮食、男女，以至思想、工作，皆为一种艺术方法所统御。并且，艺术的价值，必日加提高，到了一个时期，人类都是广义的艺术家，而一切的生活都以艺术的价值为标准。

一、使女子担任各种美趣的事业

可是，怎样才能使这个艺术的社会实现呢？我想应当从女子担任一切美趣的事业做起。凡任一种事业，就能养成一种心思与才能。女子本是多情感与爱美好的动物。可惜，自男子为中心后，女子被视为奴隶，仅做了奴隶的工作，以致女性的美感沉埋，最高的也不过当玩具，不得任何种事业，以致女性的情感无从发泄。今使女子做了有美趣的事业，伊们多情感及爱美好的长处必能从此尽量去发扬。男子方面也必受女性的影响，把从前轻情重智的畸形改好了，又把一向重视有利的职业而轻视为服务的事业之心事矫正了。自然是，一个社会全靠男女分工与合作才能搞得好的。男性长于理智又工于机械，故于科学及经济各方面自能得到优良的成绩去帮助女子。女子则以情感及美感来慰藉男子。假使男子是蜂，女人便似花了。花的美丽与甜蜜，不仅是蜂的安慰，也为蜂一切工作所从出。我们理想的社会就在使女子皆变成为各种的花卉，随时随地充分供给蜂有了欣赏采啜的机会。这些花的种类甚多，今姑归做六项说一说：

第一，女子应多为"艺术之花"——或治音乐，或习雕刻，或则绘画见长，或以文学驰名。有些又当为剧场的艺员，或自立场所，把歌喉唱破，将彩裙舞松。但我们所最爱的为芝兰花，它隐藏于山谷泉石之间，其芬芳馥郁则四溢于外，这就是先时法国 salon 女主人的花了。伊们多是一班慧敏美丽的女子，招集有名的男女客人到家中时时聚餐密谈，调音弄乐，跳舞交欢，情感上的惬洽自不待言，并以评论当时的政治与文艺，常得以操纵当时的政局与文坛。例如法国的革命由于卢梭等文字鼓吹之功，但不能不归功于 d'Epinay 诸夫人的 salon 所培成。我希望聪慧的女子多多出来主持这样的团体。我更希望我国女子少出些风头，静静地来做这样如隐藏于空谷芝兰的工夫，自能于一屋之内会谈之间，得到了人类许多同情心及社会许多大势力。你们不必如墙头桃李逗惹春色，便有无限的蜂媒蝶使纷纷穿堞而来。这件事只要家人谅解就办得到了，他的谅解似乎不难。现时无数的名门小姐大家太太谁个没有些男的女的赌牌友人！天下最猥亵的事莫过于男女一桌赌牌：脸对脸儿，恐怕桌下还要脚勾脚儿。可是讲礼教的父母及半开通的丈夫们情愿其女儿及妻子与男人赌牌戏笑通宵达旦甚且"履舄交错"，不愿伊们有些正当的朋友，这个真是世风日下，有心世道之人不免要痛哭太息了。若使家庭之间有了正当的娱乐如上所说的salon一样。则家人可以得到种种的艺术而由此得交天下男女的英才,其利益岂是在家内开赌局抽赌捐所能比拟么?奉劝家主们,解放你们的女子在家庭组织一个艺术的娱乐会吧。奉劝一些开通的太太和小姐们,快快起来创设各种salon勿让法国的女子专美于前吧。

第二,女子应该为"慈善之花"——慈善的事业能使人们的情感直从心坎发出和透入,故最具有美趣的。但这样的花不是颠狂的柳絮,也不似轻薄的桃踪,伊们好似救苦救难的观音座下之莲花,所谓"可远观而不可亵玩焉"。凡一切慈善事业(包括看护妇在内)都抱有一种牺牲的精神。今以看护妇说,例如法国旧教所办的医院皆由其女修士为义务的看护妇。并且有一种危险传染病的看护妇会,专门收罗一些可怜的妇人,因其所欢已死,无意久在人世,遂到这种团体来牺牲性命以救他人。可惜到今日,看护妇已变成一种为利的职业,把从前神圣的意义完全失却了。我非主张人们不应求利谋生，我所恨的是那些专门为利而生。著者曾在德国私立医院割下盲肠不免住院十余日，初时有一看护妇见我似是穷学生，待遇甚慢，及后见"季子多金"，又是一番情状了。人情冷暖已足使壮士灰心，况且在病人最需要的是安慰，哪堪受所托生命的看护妇所轻视与摧残。故我极希望可敬可爱的女子多多去做看护妇，但愿伊们完全看做慈善的事业，总要收费，也不可太贵，务使平常的家庭及公共机关都能用起看护妇为卫生的监督，为小孩保姆，及为家中与公共地方的安慰人。此外凡一切慈善的事业，如救恤灾黎，收容穷老，建设贫民学校及残废院孤儿院等都由一些具有牺牲及慈善的女子去担任，断不可如我国今日全盘付托于一班借此谋利的官僚，及一班由此食饭及造谣的外国教士。

第三，女子应当为"新社会之花"——女子对于政治事业固然要管，但社会的事业更当留意。社会的事业与女子最相宜者举其要的为教育、新闻事业及游历机关。先以教育说，我以为善良的教育,当把情感与理智相调和,又须以情感为中枢,指导理智得到创造的机窍,与引导人生得到美趣的作用。所以"情感的教育"关系极大,男女都当以此为基础的。女子为教育家,伊们柔情缱绻,精致细心,喜欢说话与装饰,皆是做儿童的伴侣最要的条件。至于新闻事业,我所希望于女子的不是经营一种普通的新闻,乃在于每地方上办一专为女子问题的报馆。他如关于艺术的、情感的、慈善的,以及一切装饰与饮食居住及性欲等的讨论皆应有一种特刊物。论及游历一事,我已在美的人生观说及它的重要了。外国已有这样专营的机关,但由男子所主持。本来,游历总不免有些孤单及冒险性,如能由女子经营与陪伴,则必使旅客格外得到兴趣及增加许多冒险的勇气。英国 Cook[①] 发明"科学的游历法"其功已不少了,如我们从此发明"情感

[①] James Cook(1728—1779),英国探险家,今译为詹姆斯·库克。

游历法"，其功更加大了。中国女子们快出来发明吧！我个人曾有这样的经验，虽未能把它做成系统，也无妨写出来参考。这是在法国夏季天气，男女廿余人登高山而遨游。山深林密，恐怕走散的寻不着，遂约以口号，"胡呼"为认识各人之所在，一时满山似狐鸣似狼嗥。到山顶席地休息尽欢饮酒，中有一女子斜倚其女友肩，耳红颜酡，眼羞涩偷视其爱人说："我心跳得很！"那还不是一幅爱神春睡图么？此时山色迷离中，白云缥缈，鸟声叫得怪可听儿，风过枝摇处，恍惚山林女神出来向这女伴说："妹妹请来同我们与男子一猎吧。"又一次，秋深了，浪头老实不客气，突突地向四方冲撞。我们男女若干人乘一汽船到荒岛观古迹，船摇动得很，有些女子已熬不住喉格格要吐了。幸亏有人说请你们远远看天边多么美丽！忽一人说：果然，有云气好似一只牛头；别一人说那似一层树；又一人说这上头不像一对男女正在亲吻么？一时众人大笑，逗得那些女子嘻嘻然把头晕胸郁忘却了。

究竟，游历已经有趣了，男女共同游历当然备觉有趣，若由勇敢的女子指挥，娇汗淫淫细喘脉脉，其趣更无穷尽哪。

第四，女子应当为"点缀之花"——一切装饰事业应由女子去铺排，此中第一要紧的为时装女服店。许多时来，世界的女装多以巴黎的为模范。其实，在巴黎左不过由几间大衣服店佣几个男子画图与剪裁借以鼓吹。男子如此代庖，无怪常有极离奇的时装出现，于女子穿着不见得美，而反弄得不合卫生。我以为束细腰，压扁头，缠小足，束奶头，种种勾当，皆由男子想出来叫女子去做。若由女子自身去创造，当然无这样的怪状。本来女子的事应该由女子主持，然后才能做得好，与做得有趣。故今后女子一切的装饰品：如时装，如理发，如整容，如香水的辨味，如花瓣的辨色，皆应由女子去料理，断不容男子去干涉，由此可以养成女子中心，使男子受女子审美及兴趣的影响，改革了男性自己生活上的嗜好。若能如此听女子自由发挥，则伊们必能于衣服上想出蝴蝶般的翩翩，云霞似的色彩。伊们矮身材的必定喜欢云鬓高髻的颤巍，长身材的则当偏爱坠马髻的稳帖。伊们眉必描得远山浮翠，眼必修得秋水无尘，遇必要时，调粉弄脂把庞儿打扮得天仙似的，更可爱那温柔双手与洁净的指甲修得尖尖如笋芽。伊们香水洒得均匀，生花插得恰好，本来是花儿前身，更把花儿来烘托，弄得人与花两不分明。花儿好身手，出来担任一切花儿的事业，把社会一切女儿皆打扮得如花似锦，中土菊花数百种，西方玫瑰千余样，尽管蜂儿醉死，蝶儿忙煞！

第五，或说女子不但当为人类玩意儿的花，又当养成为有用的花。这个有用与玩意儿的分别本甚勉强：花就是花，花就是玩意儿，也就是有用。但我今就说些有用的花儿给你们听听。最有用的莫如工程师了。但我们所希望的女工程师乃在为社会创造各种美的工程。例如建筑房屋不像美国工程师的斤斤计较一间半间房的多出，乃在计较如何能多得些美趣。实在女子比男子更当学些工程术,除却专为社会服务的工程师外,女子尚当为家庭及自己的工程师。例如住家之外有园圃,可以种菜、植花与培果;禽、畜、蜜蜂,一并听它繁殖其间,这就是家庭的花园与动物场。住家之内,一切的布置务使有条理与具有美趣。至于厨房事业,尤为女子在家庭内最重要的工作。其次为个人的作业,虽细至熨斗,也属不可少的物。中人对于此道已太不讲究了,以致所穿衣服颏皱不堪,不独外观有碍,于穿着上也不舒服。

第六,我们今应当说及那些"野花"了。这些野花是一切花的根源,虽不见重于高人,也自有伊们相当的位置,我今取来譬喻为家庭及商业的女佣了。在家庭未废除之前,家政的管理,自然以女子为最相宜。有情感与会管理的女子,于受雇为家庭的女佣之后,必能使家庭得到很好的条理与儿童及家人得了相当的慰藉。至于一切商业的买卖全用女人,则其影响于社会更大。男女社交如不从这样广义的及普遍的入手，则终不免如太太式的茶会，老爷式的请客，及贵族式的跳舞，于普通的社交终无多大关系的。女子生来长于交际及喜欢说话，这些皆与做商业的性质最相宜。伊们既在商场任事，为招呼顾客及博取雇主的欢心起见，故服饰不得不讲究，仪节不得不考求。巴黎社会对这班女佣特别给予一个荣誉的名字为 midinette① 者，乃形容其乖巧玲珑，穿得甚讲究但并不奢华，打扮得美人似的，但并不费力。伊们仅有些平常布匹就能做得堂皇冠冕。伊们只得些花粉胭脂就能烘托出眉飞色舞。伊们举动极活泼，脚步小而行极快，自下望去如李三郎羯鼓催花落时一样雨点的密攒。巴黎有伊们的点缀，如我们于春时步行郊外所看的同样灿烂，此处有红的绿的花，彼处有将开未开黄的白的蕊，那边又有些尚未呈出什么色彩的含苞。这些野花虽不足入大人先生的贵眼，但足供给群众许多的

---

① Midinette 是法语，意为（巴黎的）女店员。

艳福。伊们的功劳确实不少。伊们是法兰西的国魂,全地球的安慰者。伊们不单卖肉,并且卖灵魂。如你不能买得到伊们的灵魂吗?你就不可单买伊们的肉,否则,你终必受咒骂失望!外地一些傻哥到巴黎终不免吓一大跳,自以为发现一个肉坑。他们安知这些女儿的灵魂高高在天,深深在九渊,傻大哥怎样去发现呢!究竟 midinettes 不单是卖肉的。伊们不是一帮自由不自由的私娼及公妓。伊们是自由的女子,是试验结婚的妇人。伊们是多情者,是经济压迫下的牺牲者。伊们多有一个或超过一个以上的"情人",但总想伊的情人是有爱情的,不专为肉欲而来的。伊们把肉体与灵魂一齐给予人了。故在巴黎的社会,有了这班为情爱而牺牲的女子,觉得格外生色,格外活动,觉得男女间彼此生出极大的情感与美感。狼一般冷酷的英美人、豹一般凶的德种人、似熊的俄罗斯种、又脏又蠢如猪一样的东亚人,他们这班宝贝一到巴黎后虽骂为肉坑的生活,但终是流连不肯去的。总去,也不免赞不绝口，其有情的，想及时未免不泪落沾襟，这些皆足以证明不单是肉体能感动人到这样地步可知了。可怜的伊们，自然免不了受许多人的欺骗。"弃置与爱惜，区区何足道"，但伊们的灵魂随地飘扬，把那些如狼如豹似熊似猪的人类灌进了许多情感的血清了。巴黎的 midinettes 女郎们！你们的牺牲不会白丢，将来的世界终是你们的。在这样男子为中心的世界，你们如花似锦的女郎终不免受人摧残，好似坠絮无主，一任东西南北去漂流。但不久终有一班觉悟的女子与有良心的男人们起来为护花使者，使你们在社会上得有相当发展的机会，由这些普通的花卉逐渐变成为名花，为有用的花，为最美的点缀品，再升华而为艺术的象征。

由上说来，不怕女子不会占社会的势力，只怕女子无相当的事业。女人的高贵与男人不同：伊们不单要得到有利的职业，而且要得到为社会服务的事业，尤其是美趣的事业。一俟到了我们在上头所说的六项事业皆由女子得了势力之后，社会上不但经济的观念变了价值，而一种浓烈的情感自然而然地也就发生了。那时，"情人制"已到成熟时期就要呱呱坠地了。

二、情 人 制

自婚姻制立，夫妇之道苦多而乐少了，无论为多夫多妻制（群婚制），一夫多妻制，一妻多夫制与一夫一妻制，大多为男子自私自利之图，为抑压女子之具与背逆人性的趋势。自有婚姻制，遂生出了无数怨偶的家庭，其恶劣的不是夫凌虐妻，便是妻凌虐夫，其良善的，也不过得了狭窄的家庭生活而已。男女的交合本为乐趣，而爱情的范围不仅限于家庭之内，故就时势的推移与人性的要求，一切婚姻制度必定逐渐消灭，而代为"情人制"。

顾名思义，情人制当然以情爱为男女结合的根本条件。它或许男女日日得到一个伴侣而终身不能得到一个固定的爱人。它或许男女终身不曾得到一个伴侣，但时时反能领略真正的情爱。它或许男女自头至尾仅仅有一个情人，对于他人不过为朋友的结合。它也准有些花虱木蠹从中取利以欺骗情爱为能事。但我们所应赞美者，在情人制之下，必能养成一班如毕达哥拉斯所说的哲人一样，既不为名，也不为利，来奥林比亚仅为欣赏；也必有些人如袁枚所说的园丁，日时与花玩腻了，反与花两相忘。实则在情人制的社会，女子占有大势力，伊们自待如花不敢妄自菲薄。男子势必自待如护花使者的爱惜花卉，然后始能得到女子的爱情。爱的真义不是占有，也不是给予，乃是欣赏的。惟有行情人制的男女才能彼此互相欣赏，谁不为谁所占有，谁也不愿给予谁。情人制自然与人间一切制度一样有利又有害，但它的利多而害少，不比婚姻制的害多而利少，故情人制是男女结合最好的方法。

（一）爱是欣赏的，不是给予，也不是占有，惟在情人制之下才能实现这个希望。今以男女未定情之前说，彼等各自努力以博取对方的欢心。在这样的社会男女必然喜欢装饰与表情，此外，性格与才能也必日趋于向上。由是，一面，男对女，女对男，从外貌及内心求出种种的吸引方法；一面，男与男，女与女，又必生出种种的竞争。吸引与竞争互相冲击与调和，而生出"爱的创造"与"美的进化"，今略为陈述于后：

爱的创造有广狭二义。从广义说，无论男对谁女，女对谁男，皆有可以得到情爱的希望。在情人制的社会，男女社交极其普遍与自由，一个男人见一切女子皆可以成为伴侣，而一个女子见一切男人皆可以为伊情人的可能性。总之，社会的人相对待，有如亲戚一样：笑脸相迎，娇眼互照，无处不可以创造情爱，无人不可以成为朋友。门户之见既除，羞怯之念已灭，男女结合，不用"父母之命，媒妁之言"，全恃他的创造情爱的才能，创造力大的则为情之王与情之后，其小的则为情的走卒和情的小鬼。从狭义说，爱的创造乃是对于钟情独多的对方人时时想出新花样、新行为、新表情使他快乐，使他的爱情日增，使他免为别人所夺去。一笔又一笔,白纸变成画。一抹又一勾,描出情人头。几挑复几线,情人心坎现。润饰与增补,何处须浅描,何处宜浓写。昔 Leonardo da Vinci 费了十余年工夫画他情人 Mona Lisa,每一次写真时,则令其情人现身取样,又奏音乐以娱之。这样的匠心经营,自然能够创造出他的真情人来。我尝在巴黎博物馆静静地看这幅真画至二三时,愈看愈好:神情何等生动,即那双手的温柔已够令人销魂了,最难描的是一副微笑脸。更堪赞美的是那对眼,试使你自右而左或自左而右活动,它也就跟你活动了。活了活了,Leonardo 的功劳真不少,他生前对这个情人的欣赏尽够了,又留给千秋万世的天下人去欣赏。但他虽是千古爱的创造的能手,尚须用了十余年的工夫才把他的情人创造出来。世有想做大情人么?我就给他 Leonardo 一个模样,请他学习天下艺术的手段向世人缓缓地去创造爱的世界。

说及美的进化问题,则须依靠男与男及女与女相竞争的催促。从横面说,男要女欢,女要男悦,不得不讲求仪容，揣摩心情。从纵面说，男对男与女对女的竞争更烈。男想某男或者容貌与才能胜于我，一切情场优势必为所把持，于是不免要发愤起来，外貌就讲求整致了，才能与性情就逐渐提高了，其下的尚要把黄牙齿擦擦，灰色脸洗洗呢！至于女子对女子的竞争更加厉害。我曾问许多法国女子，究竟伊们的时装斗奇争新为谁而穿。中有少数说为自己或为男子，其大多数则说为女子而穿。女子为女子而穿美装，骤听起来似无情理，但一转思实有因由。女子所怕的是同类的争宠。伊们看某姑娘如何打扮，某太太如何装饰，若不与之比赛，恐不能立足于情场，所以伊们不得不汲汲从事于时装了。其实任凭男女对于情爱去自由竞争，岂但衣服一门日见进化，即如居住也必力求建筑的华美与排设的丰富，即如饮食也必力求适口与快意。美的进化与爱的创造本是相连的。要爱不能不美，由美自得到爱。但爱与美乃属情人制下的双生儿，一个社会如能行情人制，自然能得到爱与美的创造和进化。

（二）爱是欣赏的，不是给予也不是占有。在情人制之下，社会如蝶一般狂，蜂一般咕啜有趣，蚁群一般冲动，蚁国一般钻研，人尽夫也，而实无夫之名；人尽妻也，但又无妻之实。名义上一切皆是朋友；事实上，彼此准是情人。这样的一年复一年继续下去埋葬于情海之中，浑然与情爱两相忘，这是一些达情者所乐为的。另外有一班人，心胸未免狭窄，情意有所独钟，认定一个对方人以为伊外无人，以为伊必同我一样心理，认我外无别人可以用情，于是彼此发愿，愿"在天为比翼鸟，在地为连理枝"，这就是情人制中的一夫一妻生活，所谓"任它弱水三千，我只取一瓢饮"，所谓"曾经沧海难为水，除却巫山不是云"。

可是请你们不要忘却"爱是欣赏，不是给予也不是占有"这句话吧。在情人制的一男一女的生活与从前固定的夫妻生活大大不同。情人制的一男一女生活仍然是活动的，变迁不居的，他们的固定不过暂时罢了。他们为要保持这个暂时固定的状态，须当时时对外与对内努力向上。对外呢，则当使外边情潮不会来打搅风波。这也用不着筑堤建坊，只要中心有主就不怕出去逐波随流了。对内呢，需要男女时时把美感与情感保存与增进。彼此更当继续从前情人的生活，能分开居住更好，否则，也要各有房间。嗜好与习惯及意志须彼此互相尊重各人的特性。职业也须各人认定去做，终日无事在家最会把彼此情爱破坏的。总之，男女各存了戒心，各个明白谁不能占有谁，各知道情爱与嗜好一样的可以变迁，各要彼此努力保存旧的与创造新的情爱，使二人的结合虽失于情爱的褊狭，但得于专一的独享。如此存心的男女，才能在夫妻式的生活中得了情人式的快乐。

（三）爱是欣赏的，不是给予也不是占有。由情爱结合的男女如不能继续情爱，破坏就免不了了。爱的破坏在昔叫做离婚，破坏或离婚即是救苦救难的观世音，破坏就是解脱，破坏乃创造新生命不可少的历程。男女既不能彼此欣赏于情爱之中已经罪大恶极了，男子或女人还要借什么名义来霸占对方人，这更无情理之尤了，或还要勉强如货物一样哑口无言去给予人，这又是太不争气了。爱之至者乃彼此两相忘，本无所谓合，更无所谓离。但既有所谓合，便有所谓离，离合本是小事，情爱的有无才值得计较呢。

以上三项所说的：一为未定情之前，一为既定情之后，一为情爱的破裂，都应由情人制去对付。然后在未定情之前，各人的情爱能扩张到普遍的人间；既定情之后，彼此能领略真情爱的生活；即至情爱破裂之后，也免蒙了亵渎情爱的罪名。情人制的好处：第一，使男女了解情爱的意义。第二，他们知两性的结合全在情爱。第三，使人知情爱可以变迁与进化，汲汲努力于创造新情爱者才能保全。第四，使人知爱有差等，即在一时可以专爱一人而又能泛爱他人。

可是，情人制能否实行，全靠女子在社会上有无地位。欧美诸邦女子已有职业，故情人制已实行了些。但若能如我们在上章所说，使女子得到一切美趣事业，则情人制更有普遍的势力与美善的结果。此外，尚有许多社会的制度应该从良改组以便扶助情人制的发展，今先说"外婚制"与情人制的关系。

三、外婚制

爱是广大，不是局部的，外婚制乃是一地方的男女与别地方相结婚之谓，它是最能推广情爱的范围，故有提倡去组织的必要。

澳洲土人的社会极尽幼稚，但其婚姻组织法则极高明。它的大纲在避免父女、母子、兄弟姊妹、同一血族，及中表者的互相通婚。人类学家名此为外婚制，但对此制的意义总莫名其妙：或说他们知道"同姓不婚其生乃蕃"的道理，或说是劫婚的遗俗，或又说是土人看血族有宗教性的缘故。但我也有二个解释：第一，人性对于情爱有扩张到极大范围的倾向。人总望与他人互相提携的，但在部落的社会，惟有从外婚入手，始有得到与外族"婚媾匪寇"的好结果。第二，性交一事带有"放肆"及害羞的性质，男女太亲近之人对于性交总不免害羞，不敢尽情放肆，遂使彼此不能得到性交的乐趣，所以人类喜欢与外族疏远之人结婚。我因此大有所感触了：在我国礼教之下，男女社交缺乏，性欲的压迫太甚，又因北方多人聚睡一炕的缘故，以致家人常常做了"混账"的怪状。若情人制实行，自然得到外婚制，而免有乱伦的弊端。

爱是广大不是局部的，由情人制自然产生了外婚制，但外婚制不独能使情人制更加发展，它又是达到种族互相了解及世界大同的最好方法。由武力及经济的侵略，固然使人类互相仇恶，但由文化的侵略，也不能得到民族的融洽。人类根本的了解，只在情感，而情感的沟通，莫如在广义的婚媾入手。读史见我汉族制服北夷与西番的方法，初用武力，继筑万里长城，最后则用美人计与他们"和亲"。

实则，美人计比兵力及长城的功效何止千万倍大。我曾题绥远城南明妃之墓说：

> 你的弯弯儿一对娥眉抵多少长戈大矛？
> 你的泪珠儿似流箭的四溅飞射，
> 最可羡是汉家琵琶随你出塞，
> 把我族的心声打入匈奴胸坎，
> 呵！这抔黄土胜过了那万里长城！

这首"墓铭"确是明妃的实录，汉朝许多的边功，哪里敌得明妃的一行。至于唐嫁文成公主于西藏宗赞含甫王，而使王发愤自雄，改变对外的武力为吸收中国与印度的文化，其功更大。及后金城公主的出嫁，竟生得一个在西域实行共产制度的名王，这个又值得纪念的。其实我以美人计去，他也以美人计来。例如在明妃前，匈奴已把苏武及李陵一班名人统统强迫入赘了。谁知这样由打成亲的结果，竟产出了两族许多的好感情及使彼此肯互相接近，并且能生出了许多混血的好汉。我以为五胡能够乱夏，蒙古能够混一欧亚，辽、金、元、清能够南下，皆由一些聪明的汉族与强健的北民互相混合的血清所造成，所谓成吉思汗、多尔衮等恐是我们远支的外甥。由此说来，我们为世界大同，为民族互相了解，及为人类的情感互相沟通起见，今后应当提倡外婚制。

第一，爱是广大不是局部的，故我们应当提倡与俄人通婚。闻说自苏俄变政后，沿边俄女嫁我人不下百余万（日报所说），可惜不争气的中国男子，或以妾媵见待，或则未能充分承受其情意。我曾在哈尔滨饭馆见一可爱及极美丽的俄女，曾随一山东人数年，一嘴极白的山东话，谈及辄眉锁黛愁，若有不胜抑郁者，可知伊们的遭遇了。若使这百余万娶俄女的男子有相当程度，则一转移间已得了一百余万好家庭，比什么派遣数千百留学生的力量更大哪！中俄边界数万里，俄人性质刚强正足补我族文弱的短失，吸收他们冒险、神秘与宏大的性格，同时我人给予伊们温柔优容的心情，会见亚洲人的亚洲定是这些中俄混合人种的天下。

第二，爱是广大不是局部的，故我们应当与欧美人通婚。你必定说：欧美人那样贵族轻视中国人，难道我们癞虾蟆想食天鹅肉么？到头来恐不免抹上一鼻子灰！这未免太重视白种人了。欧战时，华工在法国极受法女的欢迎。假使这十余万华工有相当的程度，回国时带了十余万的法妇来改革家庭与社会，其影响何等重大。欧美实有若干贵妇女鄙视中国人，但我们何必向这些金苍蝇磕头！且伊们生活程度太高，脾气太大，我们也不必去攀仰。最好就向他们平民阶级中寻求，尤须当向社会党人讨情，那么，他们多是有求必应的。我曾说奉命到外国游历考察若干月及假读书若干年，不如娶一外国妇有利益。远的不必说，你看某博士，某公使的家庭，谁个不被中国的老婆及老妈子捣得乱七八糟！假使他有一个外国主妇，安有这样情景呢。我认识许多朋友，虽学识平常，但因有外国妻，家庭的管理，小孩的保护，及思想的向上都有可观。至于一班比较稍有学问的人，则因回国后被中国老婆所荼毒，不数年间连外国字母已忘却。其中有数人在北京社会出风头，但可笑的是他的中国老婆最怕是离婚与恋爱等事，故他的朋友若有离婚或讲求恋爱的，他受缠足似放未放的老妻的影响，必昧了良心与他绝交的，你想这样的留学生有用无用呢？他们由考察或留学回来做了什么社会家，什么议员，什么政治家和外交家，你看他们晓得什么是政治与国际及地方自治等事，倒不如他们有一个外妇代他们交际，代他们说几句漂亮话，谈几件巴黎伦敦及柏林或纽约的市政怎样，卫生怎样，比较上于自己面子好看些。现时国家及私人雇了许多坐支干薪的外国顾问，如若这班阔人，家家有一外国老婆为有权威的顾问，新政的设施，恐怕比前快万倍呢。今日的达官大佬多是连自己一身不能管理，怎样能管理一国及一社会的事？如他们有外国老婆，自然伊们不肯让他们在大庭广众之中放响而且臭的屁，及

"囚首垢面而谈诗书"那样的中国名士派哪！

　　第三，爱是广大不是局部的，故我们应当与日本人通婚。日本人无白种人的才能，但比较他们更轻视中国人。可是，我们留学生竟娶了不少的"下女"为姨太太或正太太，这个可叫做"以德报怨"了。日本女子确实有长处：伊们如我国女子一样有"媚猪"的性质，可是伊们身体比较强壮，肯做事且有向上心。"中日亲善"这个名词，我听见就讨厌了，但肯从婚姻入手，也未尝无些可能性的希望。请日人放开门禁吧，让我们什么人能够娶日本什么妇女为妻。我们也主张放了门禁，任什么日本男子，能够娶任什么中国女子为妻，只要他们情投意合就好。

　　第四，爱是广大不是局部的，故我们应当与满、蒙、回、藏人通婚。满洲皇帝已打倒了，满汉婚禁可以不存在了。满洲妇人比汉妇确有许多好处：面貌清爽，会说话，善交际，身体又好，服装也不错。在北京住的要娶满妇甚易，东三省更不必说，他如有驻防的省会,也极有机会可以接洽。此外,蒙古、西藏,尤其是回族的女子,都有一种旺相及好身材,都非汉族病质的女子所能企及。我们不是常说"五族一家"么?请让我们肉体相贴,精神相依吧,同是一家人应该有这样亲热!

第五,爱是广大不是局部的,故我们最少也当把南和北的汉人互相通婚。北方人的体魄强健可以补救南方人的弱衰。南方人的聪明伶俐可以改革北方人的粗笨迟滞。我们种族实在太纯净了,若干年来此处与彼处多是相离不过数里老是在一个极狭小的区域女婚男娶,弄到血气太清一色了,不必说是同一样面孔,并且同一样心思。现在交通较便当了,南往北来的人数实在不少,正可从此实行我们汉人血族大团结的机会,而使其多出些变种及好心思的人物。

第六,爱是广大不是局部的,故我们男子不得已时也可娶印度、黑族及南洋、澳洲群岛的妇女。我们不仅要攀高与白种人通婚,并且要低就与上这些人联络，横竖我们女子不嫁后头这些民族就是了。因为在未实行女子中心的社会，女子总是跟男子跑的，那么以我们女子嫁这些民族不免被他们带下了，但由我们男子娶这些民族的女子，我们就可以提高伊们了。菲利滨聪明的土著，十之八九都是我们男子与菲妇所生的，其他南洋许多岛民也有同样的好结果。我们男子这样工作确实足以自豪。日本男子便无这样气概，鄙视与这些民族的女子结合，仅会对其人民讲谎话，说他们与日本为同族。又前时送了许多妓女到南洋一带做皮肉生涯，到底来，日本人仅能在这些地方得了经济的权力，但不能得其人民的欢心（欧美人也同一样弊病）。至于我们的工作则不然，我们是希望把精血灌输到世界一切的人类，我们对于这些衰弱野蛮的民族，更当出其肉体与灵魂打入他们的心坎，使他们一齐向往光明之路，这就是博爱的宏愿，这就是世界大同的实现，这就是"四海之内皆子孙也"的新号召！

看到此处我国女子必定大起恐慌，以为这样，男子一个个往外跑，在国内的妇女将付托谁人？请缓，我也曾想出一个方法为女子筹出路，就是女子也应当外婚，外婚，又外婚。试想匈奴大单于战百万之众何求不可得，偏偏只要一个汉宫女，就可以退兵称婿，于此可以知道汉族女子先前如何被人看重的价值了。到后来呢，脚缠得太小了，古装变为外裤穿得太不讲究了，双奶束得太不像女人了，这样的怪状，一代比一代变本加厉，弄到女子不会行只会爬，弄到女子看去与男子无别。女人已一变而为兽，又所变成的竟为雄兽，难怪匈奴及外族人从此不敢问津了。他们问津不问津，于我们女子的小脚、束奶原无关系，可是我们政治家失了这样和亲的利器及美人计的外交就不免要割地、赂金与称臣了，这是南宋以后一班大臣所做的勾当。别一方面，外族既不以我们的女子为重，就不能不以金钱、地皮及称臣为主要了，这是五胡及辽金元清对我们所取的手段。如此看来，我们女子的地位关系于我国国际甚大（这或者是我个人读史的见解，请别的有考据癖者再考究吧）。故我极希望我国女界恢复从前汉唐的地位，这并不是难事，只要足不缠，奶不束，外裤不穿，又需要讲究些仪节，留心些装饰，学些才能，求些学问，修养得好情感就够了。你们女界若能如此，就不怕外国男人不来献媚了。我耳头耳尾常听外国人说中国女子怎样聪慧，怎样温柔，怎样勤俭。而白种男子确实比我国男子对于女子晓得用情，并且温柔体贴，饶兴趣，会殷勤。故我料今后聪明及有情感的中国女子必定喜欢嫁外国人不喜欢嫁中国人，这样与聪明及有情感的男子喜欢娶外国女子相调制，自然女子在国内免有过剩的弊害了。今且举中国女子喜欢嫁外国人一点实据，以为我国女子张目。一是《清宫二年记》的著者德龄女士。由《清宫二年记》这部书看起来，德龄女士不愧是一个文学家、情感家及外交家，恐怕也是历史家，伊最能从小处描神而使读者从大处去判断。例如伊写慈禧后的不知绘画及照相为何事，便可以知道慈禧的不能行新政了。德龄女士受巴黎社会数年的熏染,又且是聪明绝世,自然不肯为汉满人的玩具。故当慈禧要伊嫁一满洲王爵时,伊吓得眼泪直流。前清末造,满人已死气侵侵,汉人则奴气满身,遂迫伊宁愿不做王爵的命妇,只愿嫁一称心合意的美国人。伊是满人的杰出者,伊是晓得情爱者,我们祝伊的成功与幸福。下面我要说的一段事实,与上相形之下,未免有些悲哀,这是嫁我友数年已生一极美的男孩的女友,因与其夫不和,舍了爱儿,而随一欧男子到南美去了。我当然和一些中国人看了这二件事不免心窄。悲恨这两个好女子送给外人,不能在中国服务及传种。但我一转想,竟反悲而喜了,欢喜伊们为中国女子吐气争光,欢喜伊们给那些"须眉"下一大大的教训。这个教训是"中国神明华胄的子孙!争气吧!努力向上吧!不要传统地压制我们吧!不要枯燥地无丝毫情感吧!不要看我们是你们笼内之鸟吧!请你们睁开眼看我们飞也"!伊们果真飞去了!飞去了这个阴惨惨的地狱、黑沉沉的监牢,飞到了光明的世界寻求了伊们得意的伴侣。

中国觉悟的女子们！飞吧！毛羽养丰些，你们就可飞了。欧美乐土尽足你们的遨游，你们能飞的如敢去飞，则在地下猪似的男子们就要吓醒了，他们就不敢蠢蠢然对待你们了。必有些人觉悟前非，把旧习改善，将新感提起，努力向上以期你们的一盼，恳求你们不要放弃他们。到此地步，你们在社会的势力就得胜一部分了，我所希望你们为社会的中心也已得了一部分实现了。自然，你们要为社会的中心人物更须养成别种的利器，今我将在下说明新女性的中心究竟是什么。

四、新女性中心论

一个美的社会必以情爱、美趣及牺牲的精神为主，可是，这些美德不能从男子方面求得的。男子对于这些美德本来无多大禀受，故自从男子为社会中心之后，把情感代为理智，美趣代为实用，牺牲的精神代为自利的崇拜了。这样的偏重于理智与经济的营求，结果，一面虽能产生了科学的光明，而一面免不了资本的流毒。至于女子本性最富有情爱、美趣及牺牲的精神，但自女子不为社会中心之后，失了这三种美德的统御，同时而使男子不能受其影响，以致男子不能不专门从理智、实用及自利诸方面讨生活，由是女子的地位一落千丈，人类的生趣也弄到不堪问了。今后进化的社会，女性必定占有莫大的势力，但与先前女性所得的权威不相同。先前女子为社会的中心仅在性交的选择，母性的保护，及家庭的经济诸范围之内而已。今后女性的影响则在于普遍的情爱，真正的美趣，及广义的牺牲精神。这些道理，我们已在上三段说明好些了，究竟新女性与新社会的趋势不得不如此的因由应当于下再说一说。

第一，今后进化的社会当以情爱为要素。可是，惟有以女子为中心，然后始能使社会的人彼此相亲相爱。但女子能不能为将来美的社会的中心，须视其用爱的方法如何。有一时代，女子虽占社会的势力，但不晓得用爱的方法，只因女性为男子所追逐之故，也能在性交上占了一部分的权威。可惜伊们对于性交的人并无何种恋爱，仅求其具有生趣及强有力能保护伊就够了。由此，男子对待这些不会用爱的女子，也无须去讲求情爱，只有强力及奸诈能欺骗女子就好了。这样社会的结果自然充满了一班卑怯被动的女子与一班凶狠奸诈的男子。今后的新女性则大大不然：伊必以性交为一种艺术与一种权柄借以操纵男子，又必以性交为表情的一种，必要与其人有情爱，然后才能与他交媾。这样的影响甚大：第一，男子知道非先有情爱不能与女子交媾，则因性欲的驱遣，势不能不勉力为情爱之人。第二，女子既以情感为号召，则男子的理智不能不情感化，而女子的情感因为有男子理智的制裁，也不能不理智化，如此互相影响，则理智的不至于枯槁无聊，而情感的也不至于任意独断。

其次，先前的女子也尝为母权的中心，可惜对于交媾之人既无何等情爱，对于避孕又无科学知识，关于生子一事不免纯粹立于被动的位置，终因生育太多的负累，反失却女子的价值。今后新女性固然着重母权，但完全出于自动及情爱的结果。出于自动的则凡不要生子者均需设法避孕，以免因孕育之累受了男子所欺负。出于情爱的，则凡为人母者始能尽为母之爱，而使子女得到爱的幸福及养成为有情爱之人。

总之，新女性对于男子及子女皆当有操纵情爱的权力，这个我想非从情人制入手不可，即第一，女子不可如古时一样与男子乱交，成为性欲的奴隶。第二，若为人妻及为人母需要有情爱及能操纵情爱的权柄为主。第三，当勉力为情人不可为人妻及人母，最少也当于一定期内不可做这样的事情。我意谓女界须有"情人社"的组织，于其中研究如何为情人的艺术，并如何对于精神及经济上的互相帮助与避孕的方法。社员人人当宣誓三十岁前不嫁，最多只能做"情人"。如此，则男子方面当然也不能早娶，最多于三十岁前后仅能做女子的情人，自然可以免却如我国今日的早婚与小孩子就做人父的怪状。这样社会又可以免有蓄妾及娼妓的存在：彼此须是情人才结合，自然一班男子不能以金钱强人做妾，人人皆可以为情人，则精神上已有慰藉，万不得已时，肉欲上也可发泄，人人有事业，则经济上免相依赖，凡无情无义的娼妓现状当然不能存在了。从消极说，废除娼妓可用法律，但其效甚少，上海工部局抽签废妓的前例可鉴，其结果，不过使妓女变为暗娼而已。故不如从积极上着想，即以情人制剿灭娼妓较为清本治源的方法。

第二，今后进化的社会当以美趣为要素。这个希望更当以女子为中心始能达到。一个美的社会当如剧场一样，一切女子皆当为其艺员。伊们虽有正旦、青衣与丑旦种种的不同，但伊们皆有一种艺员的神气：或为林黛玉，或是薛宝钗，或当崔莺莺，或成杨玉环，或如刘姥姥，或似孟母的教子与明妃的出塞。人生本是戏，可惜从前的剧场与艺员太丑劣与太下作了。今后的舞台，当演出了儿女英雄那样慷慨激昂温柔缠绵的状态。故女子今后的责任就在研究怎样而后才成为美人的艺员。我在上已说过女子应该担任那些具有美趣的事业了,担任那样美趣的事业,自然能成为美人。我又在上头说及女子应该为情人了,做了情人,也能养成为有美趣之人。可是此外女子要作为美人尚应有相当努力,最好的则在多开"美人会"使女子于其中如学习做艺员一样：眉如何画,发如何理,眼神如何勾摄,面貌如何修整,装饰如何讲究,说话怎样使人动听,动作怎样成为雅趣。世无生来的十足美人,全凭如何打扮及表情去养成。中等人材,若肯从事于装饰及讲究风范与表情,则皆可以变成为美人了。美是情爱的根源,凡要为情人,当先学美人,美了自然不怕无情爱了。

若使女子皆成为美人,又使伊所做的皆为有趣的事情,则其影响于男子甚大。女艺员既出台,男艺员也必一同跟上了；女子扮美人,男子就成为佳士了；女子为虞姬,男子就要为霸王了；女子为击鼓的梁夫人，男子就成为骑驴玩西湖的韩蕲王了。总之，女子讲究装饰，男子也必讲究装饰；女子讲风范，男子讲态度；女子重活泼，男子重刚强；女子善温柔，男子贵缠绵；女子贵体贴，男子尚精致；凡女人如能从各种美趣着想，男子就不能不从各种美趣努力了。这样社会随处皆如剧场一样的玩耍、娱乐及表情与欢悦和美趣。这个社会的精神当然全靠女子晓得美趣及风范所造成，至于组织的制度，待我们在下章再去讨论。

第三，今后进化的社会当以具有牺牲的精神为要素，这个若能使女子为中心就不怕不能做到了。女子生来有二端的牺牲精神：一端，女子总不会如男子一样看铜臭过重。伊们所要的为名誉，为情感，为美趣，而看金钱则在可有可无之间。在现在男子为中心的社会，伊们受经济的压迫，虽不免有些同流合污，可是伊们一种为公服务的心事随时发现，贱如妓女，在我国尚有爱俏不爱钞的口碑。纵在古时女子为家庭经济的管理人，其目的也全不为己，乃为伊的子女及丈夫。我以为，今后的社会若使女子管理，则凡孜孜为利的职业必定逐渐减少，而凡为公服务及为情爱与美趣的事业必定日见加多。例如慈善及装饰的事业必定日见扩展，因为这二种事业皆是女性的。他如艺术及玩意儿的事，也必日见发达，因为这些皆属于女性的缘故。诚然，慈善、装饰、艺术及玩意儿与为公服务的种种事情，不能不花费。女性喜欢花费，即为这些事情最好的动机。别一面，又可见出花费与爱钱截然为两事，可以说，花费就是不爱钱的证明。男子喜欢金钱而不肯花费，反之，女子则喜欢花费而不肯爱钱。喜欢钱，故资本愈积而愈多，以致今日铜臭熏天，资本遗毒满地皆是。喜欢花费，则努力于心情装饰与奢华的创造，换句话说，一切艺术及美趣品就因此大有发明了。今后社会，若女子占了势力，必能把从前男子所蓄的资本利用去经营艺术、美趣、装饰、慈善及情爱的事业，可无疑义，而男子必因此影响而变更从前经济的观念，即不以金钱为重，而以艺术、美趣、装饰、慈善及情爱的事为有价值了。故我以为女子天性的肯花费，与肯牺牲金钱，即是改革男子嗜金如命最好的暗示。今后的社会如不进化则已，如要进化，则男子的占有性不能不改除，而女子的侠气与创造性不能不代兴，这个希望，惟有努力使女子为社会的中心才能达到。

又有一端，比上的牺牲金钱更关重要的，则是女子肯为情爱而牺牲。伊们系情爱的动物，故当为情爱时，则虽性命也肯牺牲，试看伊们为了子女的缘故则虽赴汤蹈火，也在所不辞，就可知了。今后的女子虽对于母性看轻了些，但对于情人则比前格外加重。先前女子偶有一二为情人而牺牲，但属不多见的。若以后实行情人制，则女子为情爱而牺牲必是惯例了。女子最是心慈面软，禁不住人一求，就不免"难乎为情"起来，伊们的短处固然在此，但伊们不可几及处也正在此。能受人骗及肯为人牺牲，正是英雄的本色。故我想惟女子才配受这个英雄的名字。世人所称的英雄，不过一些会杀人及会骗人的屠狗之辈罢了。若说女子，伊们肯为丈夫、子女及情人的幸福而牺牲，其次，肯为美趣等事而牺牲，最后又肯为公服务而牺牲，这些皆是值得挂上英雄的徽号。

总上说来，新女性如要占社会的中心势力，第一当养成为情人，第二为美人，第三为女英雄。这样结果，男子受其影响也必成为情人，为佳士，与为英雄了。这样的社会男女彼此皆有情感、美趣及牺牲的精神，哪怕还不会变成为美的么？

可是，女子受了数千年压制之毒，已变成为奴隶了，尤其是我国的女子。今要使这般奴隶去干主人的事务，势必不能胜任，或则奴性未除不免滥用其威权。就我所知的，我国新女子已不少犯了这些流弊了。故在这个过渡时代，怎样使女子成为情人，美人及女英雄，与怎样使伊们能够影响男子，这些皆须有一种练习与养成的准备，故我们于后三章特地从这些要点多多去留意。

附：中国妇女眼前问题

我在本书上，说明理想的社会，必要以新女性为中心的理由了，至于理想的新女性，即是女子应该养成为情人，为美人，为英雄的解释。可是，理想是目的，而实行乃为达到这个目的的步骤，故在我们未即达到这个目的之前，先来说些我国现在女界应取怎样实行的方法。

第一，女子先应把生计权抓住。这层极关重要，故应分作三项的进行如下：

（a）要求女子得与伊的兄弟同分产业——此事除一面从法律要求规定外，现在最紧要的应由各地女界发起一个有计划的社会运动。例如以北京说，先当做成了一篇极感动人的启事，提向那些比较开通的智识界、外交界、慈善界与农工商界等征求同意。愿者签名，代为登报赞扬，同时也算是为他们的女儿作保证人，免使将来伊们家人的反复。我以为这个运动是极和平而又极有效的。只要为父母者存有一分良心与吸一点新空气，定肯赞同这个提议的利益：第一，使其爱女不至因无产而受家人的欺侮，第二，使伊出嫁免受富贵夫家的凌辱或贫贱夫妻生活的悲哀，第三，免因女儿无产致受社会的蔑视与使伊们自己不能建设事业的痛苦。究实，谁家父母不怜惜女儿的无依，不过受了习俗的影响遂把女子的家产权牺牲了，今社会上既有这样的新运动，谁人不乐于赞成，以受良心的谴责，而失却自己女儿的感情呢。又此事只要社会上有若干名人的赞同，则风气一倡，凡为女儿者，得有所凭借以要求其父母的家产，而为兄弟者也就不敢依据不情的法律以相抵制了。说句惭愧话吧，张竞生于数年前感叹已嫁姊妹的贫穷，曾与兄弟们力说姊妹应分家产的理由，可惜兄弟们不赞同。今从我本身起，即日宣誓对于自己女孩与男孩，若有家产一律平分，这篇文就是给我女儿最好的凭据。极愿许多父母即日起来同我表示一样的主张。

（b）凡已嫁得开通夫婿的妇人者，应以情动与理喻其夫,务必得有一种法律性的平分产业的凭据。若有子女者,则母亲至少须有与子女同分一份家产的规定。这样妇人,始免受其夫财权的压迫,与其夫死后免受夫族的欺凌及其子女的侮辱。如其夫不同意,则当力为陈说,就设因此离婚也在所不惜,因为连财产尚不肯为妻计划,则其夫的情感薄弱也就可知道了。

(c)凡妇女不管父家与夫家富的贫的,自己总当勉力谋得一件职业以养生。但在这样社会,女子的职业甚少,故最要的应由女界共同组织各种妇女的职业机关。我以为在这个"纯阳性"的局面,女子谋生本极容易。例如茶楼酒馆与各项商业的经营,必使一班狂童痴男趋之如鹜,其生意必定比男子所经营的较兴旺。若说女子应该谋一比此较高尚的事业,则我想女子应该组织"女子教员会",互相提携,务使毕业的女子个个得执学校的教鞭,将来应把一切的幼稚园及初等教育的地盘统统由女子占满。不必说,这个情感的教育权甚大,因此我们就来说女子应该注意下项的教育一项的运动了。

第二，女子应当运动得到与男子相等的教育权——对家庭说，应规定一家男女儿童不分彼此一律得受父母的财力所能供给的教育为止点。若家财有限，势须于子女中挑选升学者则仅以其学业成绩为标准，不分男女的性别，譬如女儿聪明男儿笨，则应挑选女儿升学。对社会说，应当运动多开女子的学校，不可如今日的男女同学一样的糊涂。男女的教育实在不可相同，男子重在求"知识"，女子重在求"智慧"，"智慧"当然比"知识"高贵千万倍，安可同臭男子一味同学鬼混以失却女子的特长呢。故现在女界当运动女学独立，不可附设于男校，使办教育者得以使用其惰力。可是，教育固当在求男女个性的发展，但社交上则求男女无别地完全开放。

第三，女界于婚姻自由及母权保障二事，犹应有彻底的要求。应在各处设立许多"妇女招待所"，使一班受家庭压迫不能达到婚姻自由的女子得以逃难其中自工自供。此外，并应设"母权保护会"，使为母亲者得了物质的救济与精神的安慰。至于为一班贫家妇女尽力，举凡关于救助、卫生、保护儿童及避孕方法等事，当不惜劳苦为伊们计划，这个尤为今后女界要在群众的妇女界上占势力不可少的运动。

第四，以上所说的尚属局部的组织，从温和渐进说，也未曾不可得到相当的效果。但妇女问题全部分的解决，则全靠于政治与社会的改革。所以"女子参政"一事，在我国现在女子的程度虽稍嫌过早，但相当的准备则刻不容缓。理应由女界组织各种妇女关于政治及社会的问题研究会以为将来实行参政的预备。

就上四项所说，我国眼前妇女问题的重要点已算论到，今后进行成绩的多少全视方法的优劣了。我以为要求达到好成绩须用二种的手段：（1）应当用温和时，则用女子们最智慧、最灵敏、最温柔的手段，日日强聒于男子之前，使他们终于难乎为情起来，不得不答应女子所要求。（2）应当用强烈时，如遇那些冥顽不灵的男人，则女子最好取用英国女界的"战争的参政团"（Militant Suffragettes）的前例，或打其人，焚其庐，毁其机关，阻碍其办公，种种恶剧，应做尽做。亲爱的女同胞们！你们的牺牲愈大，其效果也愈大。天助自助者！你们如若有这样先觉的少数人出来做，自然旁的女子就出来声援了，自然有些男子也出来响应了。勇进勇进！将来的世界终是你们的！

第二章　爱与美的信仰和崇拜

人类可以无宗教，但不能无信仰与崇拜。愈进化的人类愈无宗教但愈多信仰。宗教给予人那些荒唐的迷信及虚空的崇拜，这个当然不能使聪明人得了满足的。聪明人所需要的乃在一种真实的信仰与高尚的崇拜。故自近世纪来在欧洲的社会，宗教势力一落千丈，而移其信仰与崇拜的心事于科学及美学。因为科学能给予人真实的思想与行为，而美学则给予人高尚的观念与欣赏，今后的社会仅有这样的科学与美学和合为一的信仰才能存立。

美学和科学之最切实及最美与最能使人类互相

亲爱者莫如"人类学"。人类学告诉我们什么叫做人与人的义务，它教训我们怎样努力与向上。故今后我们的信仰仅在人类的自身，而可以为我们的模范者莫如一班有名誉的人类，也可说即是我们著名的祖宗。这些祖宗可以代替宗教的上帝与神明。他们比上帝与神明更较为切实的可爱。他们的困苦颠连，为我们人类牺牲。他们的丰功伟业，为他们子孙祝福。我们是他们的同类，是他们的子孙，自当景仰他们的功勋，崇拜他们的德行，笃爱他们的情谊。总而言之，我们对于这些有名的人类应该有一种特别的敬爱，但这不是与我国敬祖宗的宗法一样。因为我们对于贤祖宗固当崇拜，但对于不肖的先人又应当有相当的惩戒，这与我国对于祖宗一律崇拜大大的不同。

其次，我们爱人类的"先贤"，我们尤爱人类的"后秀"。可敬爱的莫如过去为我们辛勤的老祖宗。可赞美的更莫如我们同时及后来为人类争光荣的后辈。我们对于这两类人皆当有相当的敬礼。不过，对于祖宗的敬礼是取一种庄严的模范式，如我们下头所说的纪念庙即是此意。至于对后辈的敬礼乃在一种欢迎的奖诱式，如我们在后边所希望于各种赛会的成绩。

末了，我们所要说的信仰与崇拜乃在爱与美的合一。我们一边敬爱英雄，一边又当赞美儿女。英雄儿女所以为人类的最可敬爱与最可崇拜者，因为英雄使人起敬起爱，而儿女使人可歌可泣。我们可以说英雄乃代表人类爱的方面，而儿女乃代表人类美的方面。无爱，则美无从依托。无美，则爱又无从发生。原来英雄与儿女彼此不能相离的，故我们的信仰乃合英雄与儿女为一气，即合爱与美为一处。在纪念庙所崇奉的有英雄又有儿女，即在诸赛会中所表扬的也有儿女，也有英雄。这些与一班宗教仅顾念爱而遗却美的用意不相同，即和一班单说以美代宗教而失却了爱的意义也不一样。今先说纪念庙的组织，在后再说诸种赛会的组织，再后，则说怎样的情人始能使人信仰与崇拜，阅者就可以知道这些命意之所在了。

一、纪 念 庙

凡我们的先人中有以功勋及情感著名者即把他们的遗骸合葬一处，其上建立一座最繁丽的纪念庙。自国都至各省会、各县城及各区、各邑，皆应至少各有这样的纪念庙一座。其人的功勋及其情感能影响于全世界或一国者则入于国庙。仅影响于一省者则入于省庙。其声名仅及于一县城，或一区邑者则入于县庙，或区庙，或邑庙。

庙的位置当占所在地的中央。其高度愈高愈好，高入云霄更好，使音乐在高层奏时可以使所在地的人民处处得闻。上面须有一个大钟楼，四边均有时钟，使人民可以时时知时候。这二层的关系甚大：第一层的教训是我在哈尔滨的一区俄国人叫做新城所得来的。这个城中国叫做秦家岗，为山坡形。坡顶自然较周围高出。"中东铁路俱乐部"就在这坡的一隅建置它的露天音乐场。每当夜分奏乐时，我们住坡脚的客栈，除提琴外，余音大都隐约得闻，似乎这个音乐为全城人奏的。最便宜处，全城人不用出门与买票均可赏识乐音。我尚忆得夏时晚凉初生，煮好的绿豆牛奶粥设在厢房的槅上，一面大嚼，一面听微风吹来的喇叭与铜鼓相竞吹。每当睡时，恍惚耳边有和谐的节奏偷偷进房来催眠。那时，明月在窗，万籁静悄，仅有夏虫唧唧导引梦里人到音乐场去了。我从此才知道一个公共音乐场不是为少数人而设的，若能把其声音引长扩大，则人人皆可同乐，而音乐的趣味因人人所处的地位不同，也成无穷的变幻。例如人们在中东铁路俱乐部所听的音韵与我们在客栈内所听的当然大有不相同。而我们所得的若隐若现的音乐，另有一种美趣，若与那些临场所听的其价值当然不一样。倘有人要以他们所赏识的来相换，则我们断定不肯让出啊。

由此论之，在一地方纪念庙的上层若设有音

乐，则晨兴夜寐，全地方的人民均可领略此中的滋味。这个是一种"底意识的教育"，不怕人民不会于不知不觉中养成一班音乐家，最少也是一班嗜音家了。音乐的教育甚困难，一个音乐家如诗家一样的难栽培，大概这些学问皆非有长久的闲工夫不可。有人说："三世嗜音的家庭，才能生出音乐家。"有人说"贝多芬与华格纳一班大音乐家仅能生于近世的德国"。这个是说环境的栽培，对于艺术家比对于科学家更加困难的。譬如我国人如能发愤自雄，则三十年可以生出无数的科学家，但要养成一班艺术家，尤其是音乐家，则非经过一二百年不能成功。若我们建立一个音乐场于每地方的高顶，直接能使全地方的人民得听音乐以便养成为嗜音家，间接则希望由此可以产生许多著名的音乐家。由纪念庙的连带关系而使人对于音乐有一种信仰心与崇拜性，这种利益真不可计量了。

第二层所说的大钟楼，其关系也不小。我国人大多无时间的观念。我尝说美国人是"时间即金钱"的民族,但我国人是"时间等虚牝"的民族。这个缘故与时钟的多少定有关系。现在我国人家甚少有钟表,个人上更见稀少,以致许多人对于时间的标准甚糊涂笼统,仅知一日中的上午、下午、夜分三种大区别罢了。这样无切实时间性的观念的民族其结果甚恶劣,轻的则养成多数人虚过他们数十年醉生梦死的光阴;重的则使一班糊涂人办事敷衍过日,每每有一事可以一日办完者,延长到若干月尚未做好,以致国家事务或自身学问一无成就,并且因迟滞而生出了种种的损失。若能于每地方的最高顶处设立大钟楼,日间则用极强的光色,映出时间的经过。夜时,则用极大的声音,报告若干的钟点。务使居民时时刻刻对于时间有深刻的观念。如此或者使他们惊时光的易逝,悲人寿的几何,努力进取,无负生成。这是由纪念庙连带的关系而使人对于时间的信仰与崇拜的另一方法。

　　此外,尚有连带的五事皆应使人民有一种信仰与崇拜以足成纪念庙的效用者,一为建筑,二为图画，三为雕刻，四为跳舞，五为唱歌。

纪念庙的建筑当使其宏大无伦，华丽毕至。高度至少须有若干丈，我们已在上说及其顶应为音乐场了，其下应当为广厅可以容几千人或几万人。厅之正面，在国庙的则为有功于全世界人类的殿宇。厅之左面应奉祀深情厚爱的仕女及情文双全的文人。厅之右面为一班有功勋于一国者及无名英雄的处所。每人的殿宇后有骸骨者则以最美丽的玻璃棺盛之，其上则请名人绘其图形，状其情事。厅之前面为大门，门之内外均堆满了名人的雕刻。每当节日则使人民在厅中跳舞与唱歌。总之使人民入纪念庙，除赞美贤祖宗外，觉得有一种建筑的伟观，图画的动人，雕刻的悦目，与跳舞及唱歌的赏心悦事。于厅之下，掘地窟若干丈深，也分为正厅与左右厅，不过其排设的人物：正厅的，为一班有害于人类的人，其左厅则为无情义的仕女及一班逆潮流的文妖。其右厅的则为一国的罪人与暴动的群众的收容所。这个地下的建筑、图画及雕刻等当应极尽悲凉愁苦，好似地狱一样，与上面的天堂一比较，使人愈觉天堂的可羡、地狱的可畏。厅之四角当堆满了无穷数的无名骷髅，与那些奸雄和无情的骸骨同一样的示众。以上所说，省庙当同一样的形状，不过省庙上面正厅则奉祀国庙全庙的人物，其左右厅则排列关系于一省的名人。其地下面的正厅则为国庙下层全庙奸人的碑位，其左右厅则为有害于一省的人物。他如县庙、邑庙等的排设可由此类推。

我们要使这些名人的情感存留于人类的心胸，与其丰功伟业可以为人类长时间的模范，则纪念庙应当时时有一名人的节日。例如国庙正厅中当祀孔子、柏拉图、意之伽利略、德之莱布尼茨、英之牛顿与达尔文、犹太之马克思及爱因斯坦。这八个人的影响于全人类甚大，应当每年为各人做一个极大的纪念节日。其次为左厅的人物，如明妃、杨玉环、李易安之徒，李白、杜甫、苏东坡之辈，应选出百余人，每年为各人做一纪念节日。右厅的人选，则如大禹的治河，王安石的新法，与及明末东林、复社，及黄花岗七十二烈士与五四运动等，也当各个有一节日以为纪念。总之务使纪念的节日几于无日无之。其日如无纪念，则代替为国耻纪念日，及各种实业振兴，机器发明，或思想革新等纪念日。以后如有名人续出，当然把后头这些纪念日取消代替。因为这样的纪念日即是群众灵魂所凭借，也为他们情感所依托，与知识的源泉，故愈多愈好，愈热烈与愈普遍则愈妙（每年月份牌应逐日将纪念节日叙明）。每当某人纪念日，则将其人的言行传众周知。其日的音乐，唱歌与跳舞，也当各依其人的事情特别编制。如当大禹的纪念日，音乐当仿河流泛滥的声调，其唱歌应把当时治水的苦处与其成功的乐处和盘托出，其跳舞则用河工的服装与情状。又如当明妃的纪念日，则用琵琶的悲音，与出塞的怨曲，及沙漠中以毡为幕的匈奴喜剧舞。如此调动，则每年有数百种音乐与唱歌及跳舞的变换，不但使人民时时有新鲜的快感，并使他们得了无穷的常识。自然，纪念庙中须有一班特别的执事，对于各人纪念日的音乐与唱歌和跳舞皆须研究有素，以便逐日出演，为普通人民的模范。

图8

说明：这是罗马圣彼得庙，拟仿其样为我们的纪念庙的建筑。可是，国立纪念庙的局势应比此更大，如庙高几十丈，庙内可容几万人，庙前地面千百顷，中植名花佳卉，两廊宏大，可容几万人跳舞，廊顶为大花园。其庙周围则为宏大的博物院、美术馆、文化院等等。

至于地下一班恶人，当然无纪念的可说，每年无妨于多少夜间开了地狱式的跳舞会，也名为几个著名恶人的遗臭值日。又把他们一切至凶恶惨淡的情景，编演为音乐与唱歌之曲谱。又将那些恶人的行为绘图雕像揭示大众，使人悲哀这些恶人的可怜。如此一来，人民不但有所劝诫，并且对于悲剧一方面的心情也得尽量地有所发泄了。

二、合 葬 制

说到此处，关于纪念庙大概的组织已略具备了。但有一事应当留意者则为合葬制的提倡。我国迷于风水之说及盛行分葬的习惯，以致尸骸暴露，数年不葬，臭气熏人，恶病传染。其已葬者则倾家荡产，占地霸山，田可耕的暂少，山可掘的愈稀，但见此处彼处一堆一堆的死人墓。如此继续下去，恐有一日，满地遍是坟穴，生人将无一片干净土了。

为今之计,惟有实行合葬制,除我在前说的那些著名的英雄男女及奸恶之徒迁葬于国庙省庙等外,其无显著的功罪者则由各族迁葬一处,其地即为他的一族的公葬处所,以后死者当合葬于此。其无姓氏的古坟,则应迁其骸骨聚合于纪念庙之下层。如庙不能容,则应焚化。

这样的合葬制,有了种种的好处:一除风水的迷信,一俭葬费,一合卫生,一壮美观。尚有一层更关紧要者则把这些著名的先人坟墓掘开移葬,定可发明无穷数的葬品。这等葬品无论何物皆有极大的价值。你想一尊曹魏时的瓷佛可以卖六十万元(日人所得),那么,我们的古墓三代以上的不知若干,秦汉更不用说了。更有大希望者,在这些时代人皆极着重随葬的物品,且其物品极丰多。我们如能掘得,自当宝藏一份于纪念庙内,其余就可拍卖。说不定,我们老祖宗无意中所遗留的葬品,可以够我们还全数的国债外,并可以建筑各地最华丽的纪念庙，又可以为各种实业的开办费。不错，这个奢念极值得一希望的。我们老大国所恃的确在古董，今日北京城内仅卖假古董者已够养活许多人了。或者有一日我们的真古董出现，则可以养活现在四万万的穷同胞也未可知。

若说如此发掘先人古墓已犯大不敬之罪，区区利益何足贪恋？这个误会极易解释。我们为敬爱我们先人所以去掘他的墓，把他的遗骸保存一处。因为若干年来，我们的古墓尤其是帝王的坟墓，已不知被盗发掘若干次了。一经被盗，则骸骨抛弃荒丘，言念及此，至为痛心。况且，盗所要的为金银珠宝，其他一切重要器皿，竟被视为瓦砾，随意打碎，古物损失，何可计数。至于一切古墓因年久代远无人保存，多数埋没于荒野，致使先贤灵寝沦为狐窟者竟不知多少。这样罪过，我们后嗣子孙实在不能辞其咎。若由前所说的保存古墓方法行之，则当然免上二弊，而且有无数的利益如下所说的：（1）由此可以保存名人坟墓免致被盗与埋没；（2）

可以由古物研究文化的变迁；（3）可以使我人对于先贤骸骨及器皿起了历史上敬爱的观念；（4）可以拍卖古葬物以望国家的富裕。总之，掘发古墓，正为爱惜先贤。我们今后国民能不能振作，全视有无这样的魄力。我们若能如此做去，然后对于死者才算不是如先前迷信的崇拜，乃是真实的信仰。必要如此，然后我们的宗法社会的木偶观念才能打破，而进为英雄及美人的崇拜。好汉的青年们！我们对于旧墓制的毁弃，当如毁弃旧寺庙的木偶一样，然后如能解脱死人的束缚，而求生人的乐趣（其古墓迁葬后当然可用旁的方法将其所葬原址保存纪念）。

以上所说，乃对于死者的崇拜在其精神的存留，不在其坟墓的保存。因其精神的可贵，一并保存其骸骨则可。若仅重视其骸髅而无精神的附丽，这样崇拜的弊害比较什么宗教还大。我们反对那些无意识的宗教，我们更当反对我国这样僵尸的宗教了。总之，我们所要信仰的是先贤，是有名望的人类,是有振作的祖宗。这样的崇拜才能打破一切宗教的迷信,才能达到爱与美的合一。我今于下再说一个新信仰,乃由诸种有价值的生人去表示的,比那死人的骨头更加有生气了。

三、诸种赛会

我国迎神、香会等事,人民对之何等兴味浓厚,可惜这等举动完全布满了迷信的气味,不但伤财废时,并且助奸长恶。我想若能以美的诸种赛会代替这些无谓的把戏,使群众可以免了牛鬼蛇神的诱惑,而且可以得到陶情奋志的机会,这岂不是最好的方法么?究竟,这些赛会如何组织,始能达到上头的希望,请待我们逐层说来。

我们在上已经说过要得到爱与美合一的成绩,须先崇拜"先贤",其次则在景仰"后秀"。"后秀"乃指女子及男子以容貌、体格、才能及性情的超出群众者,把这些人选择后,在每个地方上举行盛大的赛会,一在奖励个人的努力,一在鼓励群众的同情。如此做去，使社会上时时注意于养成儿女英雄的美德，而使人人因这样美德的切磋，成了彼此相亲相爱的伴侣。我今先说女子方面怎样的选择。

第一，每年一次或几次，于国都、省会、县城，或区、邑、乡、村之中举行"五后的赛会"。这五后即一为"美后"，二为"艺术的后"，三为"慈善的后"，四为"才能的后"，五为"勤务的后"。其挑选法，由一班"内行人"组织为"选后委员会"，于每地方上指定处所，任女子报名，定日决选。在国都被选者为"国后"，在省会为"省后"，余此类推。被选标准：如为"美后"者，则必其人美容貌，善装饰，好身材，善言语，能交际等等。如为"艺术的后"，则择其艺术有专长者，如擅长音乐、唱歌、跳舞、诗文之类。如为"慈善的后"，应于慈善事业有相当尽力之人中择其成绩较著者充之。他如"才能的后"，其资格以著述见长，或在社会做事得有相当的名誉者为准；如在教育界尝有功劳，或在报界，或在实业界等等曾经得到名誉。至于"勤务的后"专在家庭或商店或公事房的女佣中择其勤谨及尽心者为上选。以上五项，除了最著者选择为后之外，另依类择其成绩较次者数人为各后之"妃"，如为"美妃"、"慈善妃"之类。

这些女后及妃选定之后，择日举行赛会，一切手续皆应由地方机关郑重将事。如在国都，于赛会前一日，由大总统及国民代表开一盛宴欢迎国后与其妃。其在省及县各处则由其地方长官执行。赛会日，后与妃一早到纪念庙行礼，总统（或省长、县长等）于其中陪祭，后由总统特赠各后宝剑一柄，名马一匹。于是各后与妃各入所预备的大车中，手执宝剑，身倚名马，围随上伊的美妃，出游各处任人瞻仰。其赛会路程，以每一地方的紧要街道为主。是日参观的人，彼此上无论相识不相识，均许亲吻、跳舞与赠物。各团体应当有种种的组织，如剑术、音乐会等，也可随后车后一同游艺。

如是赛会继续三天,全国一律放假。及到末日后与妃停骖于"游艺部"前(看下章的制度),听名人赞咏伊们的诗歌,并将这些后与妃的姓名勒于游艺部的门前,其照相或雕刻的像则悬在纪念庙一隅。这些每年所举得的后应有相当的优待。由地方上给予助金。凡为后的,每年改选,不是连任,但为妃的可以连任,并可以升为后。

这个组织不是著者个人理想所创出的,它虽在我国未尝"古已有之",但在法国确是"人已有之"了。巴黎每年举行一次赛会,名叫 Mi-carêmc,确是群众的快乐日子。由许多工商业团体举出他们各行的后,游行街市。是日巴黎满山满海的人群站立各街道,一意为瞻仰后容。其中不少戴假面具者,手执纸棍,逢人揶揄。此外,尚有一包一包的"纸花"(乃由纸所剪成者),游人买后,互相抛掷,但见美人身上一阵一阵地装上纸花的颜色,与狂童谑笑的声音,这真是玩乐的日子!如你见一可爱的女子,就吻伊一满嘴,伊惟有以笑脸报之,这真是玩乐的日子！是夜各街的咖啡店满座是人，偶尔相逢，便行跳舞，达旦不休，这真是玩乐的日子！

可是，我们所要提倡的"五后会"，不是纯粹抄袭外国的套子依样葫芦去做的。第一，我们最不赞同的是巴黎 Mi-carêmc 所挑选的"后"，纯粹以容貌为标准。第二，伊们虽有一日的光荣，后来的命运便无人顾念，以致许多美后一生颠连潦倒，嗟叹世人的无良。我们所要提倡的乃于游戏之中寓有诱掖的意义。凡应诱掖者不但在美貌，但凡心地慈善，艺术专长，才能特授，与事务勤勉诸项，皆有提倡的必要，所以这些女子均应入选以为一切女子所表率和模范。其次，我们对于这些女后不当看做一种暂时的玩赏，应当看做人类的祥瑞，珍重保惜，惟恐不周，断不肯任伊们飘零憔悴，故我们主张以地方的资助，保护伊们长为社会的明星。

第二，于这些女后赛会之外，我们又应当组织八项"王"的赛会。由每年每地方上将男子中之以美貌、艺术、学问、慈善、服务、技能、冒险及膂力见长者举为"美王"、"艺术王"、"学问王"、"慈善王"、"勤务王"、"技能王"、"冒险王"、"大力王",总为八王,其下各就其类比较次等者举为卿相若干人。在国都举的为国王,在省的为省王,余照类推。王的选举法,及待遇与赛会的情景和上所说的"五后会"相同。

这种赛会的用意在使男子具一技一艺之长与有学问及艺术之士皆得吐气扬眉,并可以为全国青年所矜式与崇拜。例如以拳技,或马术,或剑术等见长者则举为"技能王",使天下的青年汲汲于这些技能的练习,这样关系何等重大。又如举那些游历荒区或探险绝域,或驾飞艇,乘汽车等经过长时间的飞行与极大的速率之人为"冒险王",于青年的探险前途及冒险精神也有莫大的帮助。他如学问、艺术等,若由此法去提倡,使男子得此有如先时对于"大登科"的尊荣。

以赛会的日期说,则五后的当在五月五日,而八王的则在八月中秋。这两个月份皆属良辰美景，宜于后与王的出行。但为一国的王与后者于冬期，应该由中央帮助旅费使其游历各省会。届时与该省所举的后与王者一并举行赛会，这叫做"后王合赛会"。此举，一使各省的人得以瞻仰现年国后与国王的人物，一使这些后与王有长期接触的机会得以彼此表情言欢，或为情人，或成夫妇，由此组织好家庭，希望由这样的父母产出些优良的种子。其各省的后与王约定一时期聚集国都与国后和国王一同举行后王合赛会于国都，使人民知本年各省的优秀人物。

第三，上二项所说的乃女子对女子的竞选与男子对男子的相争。这样奖励当然不免偏于一类而未能得到普遍的效果，故我们再当预备一班"名家"的荣号，以给男女合为一气的比赛而得优胜者。这个应该组织一些赛会：如泅水、跑马、打猎、钓鱼、游艺、围棋、滑冰等。例如某年某地方以钓鱼得胜第一名者则名为某地钓鱼名家。如若聚合全国各地的钓鱼名家互相竞赛，其名列第一者则名为全国的钓鱼名家。他种荣号的锡赐类此。这样组织确实有趣。以北京说，如在北海环廊上于夏日炎热，蝉声唱得起硬，柳丝垂得娇嫩的朝暮时候，一班狂童、娇娃，凑入一班白翁、老媪，又加上了男的女的绿鬓青衫一排一排地轮流垂钓，所定时间一到，检验谁人钓得最多，分评甲乙标示众人。我们就把这日名为钓鱼节。凡能得为全国的钓鱼名家者则本年中可以得到北海红利若干股以示劝奖。至于男女一同穿起水衣，于春夏之交择一名河，草绿花香，随流竞泳。两岸无数群众拍手助势。但见水面矫健的身材如鱼如鲸的冲波逐浪而去。或则当秋高气爽，鸟肥兽繁，燕山勒马，围猎驰骋。男儿好身手，举枪不虚发。女郎善睥睨，一箭竟双雕。每当冬寒，白雪漫天，坚冰在地，男女携手滑冰竞赛，铁屐高举，双袖低舞，如力士的捧靴，似天仙的散花。类此种种的游戏不厌多多去举行。各以其名，定为节日。务使举国若狂，视为莫大的仪典。英国人重视踢球与拳技，遇竞赛时，全国仕女所谈惟此，比军国大事更为紧要。立国精神既有所在，则人民不怕对它无狂热的毅力了（上所说的三项赛会，各校内可以试行，由此法能使学生格外生趣，对学业也格外奋发）。

第四项的赛会则为男女的小孩，把男与男、女和女各以相当的年龄比较谁养育最好，身体谁最健，力量谁最大，智慧谁最高，表情谁最美，志愿谁最强。如此评定谁为"安琪儿"，就此表彰其父母或保姆，并资助这些好小孩的教育金。务使为父母者晓得怎样养好小孩的方法与其兴趣。我常想人的体格与智力，得于生成者不过十之一二。其十之八九全靠后天的栽培。人类初基最易摧残又最易培养。以我国今日猪狗似的对待儿童，纵有天资也无成就。社会的劝勉与指导，在此层上更不可少，这不仅是一种玩耍而已。就常情说，父母个个夸张自己的儿童，一经出门比赛就可打破他们自大的观念；幸而父母个个关心自己的儿童，如他们知他人养儿用何方法为最良，则个个争先去做了。我们有一个数月大的小孩，自生到今用尽气力去养育他，自以为是世界最好看了。其实确有许多不好的养育法在里头，不过我们无与人比较不知道罢了。我有友人也极以其婴孩为世上独一的宝贝，也以无比较遂至闭门自贺喜罢了。比较比较，竞赛竞赛，好父母当然受荣誉而慰藉，劣双亲也可以受些惩戒而改善，使一切小孩皆得遂其生，并且皆得善良的鞠养，这就是提倡崇拜好儿童的竞赛会的本意。

第五项的赛会，是将老翁与老妇各以其类与年龄比较他们的壮健、能力及智慧到什么地步，而择其年龄最老及他种程度最高者，尊为"国翁与国媪"，宠之以优待礼节，助之以养老俸禄，使全国人知敬老与养老的方针，而对于这些翁媪的白发皱额，皆有一种尊严的崇拜。我常想天下事第一最可爱与最美的莫如小孩的笑窝和柔手；第二最可爱与最美的莫如壮男的头颅与少女的胸膛；第三最可爱与最美的莫如老人的酡颜与满嘴无齿的红牙床。老人的经验若由这样牙床迟迟委婉地告诉出来，少年及小孩们最是听得入，打得动的。老人的慈祥，常常由他的皱纹透出来，最使人动心的。依理，在野蛮的社会，人愈快死，社会愈进步，因为老人的顽固不化，最是阻碍少年的进取。但在文明的社会，人愈养得老，文化愈有益，这些老人乃是少年的模范品与引导人。以我国说，现在乃野蛮与文明交接的时代，我们有一班老成人，也有一班老顽固。前的，我们祝其长存；后的，我们望其速死。

总上五项的赛会，大约有三用意：第一，在把人类的美与可爱处全盘托出，使身受者有所慰藉，而使他人有所奋起。其次，使社会上多出些美人与可爱的人，则使社会彼此多出些亲爱。其三，有许多人常说美与可爱是无一定的标准，全由主观去判断，所谓"情人眼底出西施"。这样主张全不知道美学与爱学是什么东西！这些观念的错误，缘因社会上无一班"内行人"为指导。今后一个地方上当聚集一班著名美学及爱学的人为美与爱的批评家及指导师，由他们组合为各种赛会的委员会。凭他们大公无私的客观去主裁,如何始为美女,如何才是美男,怎样是美小孩,怎样是美老人。如此有一个科学的测量法,济之以挑选者艺术的才能,则世人所谓美与可爱者皆有一定的标准。例如缠足是丑,天足为美;女子奶部发达为美,束奶至于平胸是丑;臀部宽大是美,窄小为丑;面色光彩为可爱,病态是可憎。诸如此类,确有一定的界说,断非凭自己个人的好恶所能推翻。至于同是一样的天足容貌与胸膛,有鞋高其后跟,有乳大如山丘,有眉展得神光奕奕,有窝笑的意象微微,这全视各人的艺术去修饰与表现,而几微近似之间就显出美人与俗女的分别,这全在挑选者的艺术才能如何,庶使鱼目不至混珠,明妃始不至为延寿所冤屈。这些选择的方法,不是毫无把握只凭一时的主观,乃是一个艺术家对于一物的定价确切给予相当的数目,自然有难免数人于此虽同声说这物好,而所给的分数各不同。可是,社会如有这样的估美价与爱值的机关,则不怕人人对于美与爱无一定的标准而至于以缠足为美，以病容为妍，以吸鸦片为书生，以梅兰芳为艳伶了。

虽然是，可赞美与可爱的莫如人类，但此外的名花佳卉，奇禽珍兽，自有其美与可爱的价值，也值我人的崇拜。他如熏风、和日、美景、良辰，也能引起我人无限的赞美与可爱的分量。我尝与学生廿余人夜露宿八达岭长城之上，明月照高峰，烟雾似笼纱，远远望颓堞败垒迷糊不清，我此时对于长城，对于明月，对于薄雾，对于颓堞败垒皆有一种神圣的崇拜心。小院独坐，执笔构思，面我前者有美人蕉的层层抽烟，玫瑰花娇艳玲珑粉白黛绿不知若干朵，含苞欲吐者更争态竞妍。帘前洁白的玉针花尤可贵的它有绿叶相扶持。竹影介介，也不让别的花卉弟兄姊妹们的浪漫生姿。还有松唎，柏唎，在四围静静地冷眼窥人。我人类也，在此群花之中不免生惭，我敢不赞美它，恋爱它吗？暑气迫人，于西郊万花山中暂作潜伏，美啊！落日！可爱啊！月生！凡这些自然之物，花啊，月啊，柳中蝉声，山上飞禽，皆是我人最可崇拜的物。若学俗士的玩弄，无妨把这样名花佳卉、奇禽、珍兽、明月、落霞拿来互赛，以引起了群众赞美的同情与旷达的胸怀。如何赛法？则如菊花会、牡丹会、玫瑰会，以及飞禽会，走兽会（狗会等）与关于民生的五谷会等等，提倡得法，自能使全国人起了无穷的兴趣，而因比赛的结果，使花卉物品改良进步，于民生的补益更无穷大，自然能于游玩中而得实业的增进，与美趣的发展。他如消寒会、伏暑会，以及清风明月的雅集，流水浮云的欢宴，追慕苏轼的高怀，则泛舟于赤壁，景仰我祖的雄略，则涉足于昆仑。人事、胜景、天光、月色、古迹、名区，并成一块为我人信仰与崇拜的资料，这些信仰，更觉为无上的美丽有趣与有情了！

四、情人的信仰和崇拜

总上说来，今后我人如能从爱与美的信仰和崇拜上入手，自然能把从前一切宗教打倒了。这个新信仰最特色处乃在爱与美的合一,所以它有信仰和崇拜的利益而无宗教的迷信和武断的毛病,它能够提高人类的情感与美感,而免了宗教彼此的互相仇视与受了牛鬼蛇神的蛊惑。

可是,凡我们在上所说的纪念庙与赛会二项,仅在使它们为人类的模范,但这个尚不够的,故我们于下头略为陈述由信仰与崇拜的方法怎样能使人去实行。

第一,凡对于每个先贤或特出的后秀,应该请著名的诗人为他撰述至少一首赞咏的诗歌。把这些诗集合起来就成为国民所信仰的"诗约"。这部诗约,自然比基督教的《新旧约》及"关关雎鸠"的《诗经》好得万倍,它是聚集许多名诗人的作品,自然是陶情悦志的书籍,不是枯燥无聊的经文。它是人类历史的大观,不是那些荒唐的神话。它是常识的指南,科学及艺术的基础。它是国民人人必修的教科书,它确能打动人类的情感与提高向上的志愿。它是国民精神的结晶品与行为的大方针。它赞美英雄与儿女的慷慨激昂、温柔缠绵。它鼓励学者和技士的启智发聋与利国济民。它有的是杜甫的悲慨、李白的豪爽。它有的是明妃的哀怨、卓文君的风流。总之，这样活动的有兴趣的诗歌，不用如宗教的迫人去读，自然能风行天下，传至后世。由这样传播之力，把我先贤与后秀的言行不知不觉地灌入国民的脑中，使国民于信仰与崇拜之余，自己无形中就模范起来，这是使人民对于新信仰实行的一好方法。

第二，凡被选为我们上头所说的后、妃、王、卿相及名家等，应当使其时常到纪念庙内或盛装，或裸体，以为图画家、雕刻家及诗歌文学家等的"模特儿"，并且任人参观以为一切国民的模范品。这些尝经当选的大都为出群之人物，或以美貌见长，或以学问见重，或以技艺超众，或以慈善著称，他们既有诸内，必能形诸于外，不必说他们的精神与众不同，就是肉体也必有些大有可观。今使为模特儿，将其情状姿势绘为画图，刻入金石，演为诗歌,以垂不朽。而人民日常得以参观这班特出人物的姿势情状,也必能模仿于万一。这个模仿能得"神似"就够了,特出人物与凡众不同处,就在神气之间,而表神的方法,穿衣服者终不如裸体为真切。东施效颦,所以学不好,因为只在模仿"颦"的一点上,若伊能从西施全神气上着想,就不怕无几分相似了。故我们主张这班可以模范的人,时常到纪念庙,赤裸裸地表出他们真切完全的人格,自然使社会的人就学成他们的模样了。由外边的模样,自然能够渐渐地学入里边的神情了。例如,先学"大力王"的筋脉坟起,缓缓就能变成为有力之士了。又如学美人小孩的笑脸,自然而然地就能得到美人与小孩的温柔与天真烂漫的真情了。我所说的从外而内的学法,乃是次序上先后的区别而已,究竟,我们主张表里应该一致的,但与前人的教法从内而外,或与优伶的只图外而忘内的,大大不同。总之,我们希望这班"上选者"时时为国民的模范人,这个非使他们时常有给予人特别接触的机会不可。若能使他们时常在广众之中表示他们的人格，则其影响于国民的实践工夫上甚大。这也是使人民于信仰与崇拜一物之余，缓缓得到自己去实行的一好方法。

第三，现当说及我们在此段上的正题了。我常想，无论什么格语、训言、圣经、贤典，甚且所谓美的诗歌与人格，苟其人对这些事无亲切的需求，则这些事皆等于浮云过空。现在应当把信仰的对象放在人类最亲切的需求上，然后人才肯去认真信仰。那么，就人类的心理说凡至亲切的需求莫过于各人对于自己的情人了。

凡情人所言与所行的，特别使他的情人留意，俗所谓"枕边状"确比教堂的《圣经》厉害得多。我们在上尝说到今后的社会大势趋向于情人制，故今后社会根本的信仰必由宗教的偶像而变为情人的偶像了。人人信仰和崇拜他的情人这本是好事，但危险的，如男子们所信仰与崇拜的不是天仙，又不是美人，乃是一种恶劣的凶妇，这样一来就生出无穷的流毒了。又如女人所信仰与崇拜的不是神明，又不是佳士，乃是一些鄙陋的贱丈夫，则必把女子本来的高尚人格破坏了。爱神确是厉害，伊带了许多暗箭，疯狂似小孩一样乱射，谁能敌得住伊呢。我们仅有把爱神改善，把伊的程度提高就是了。这个，我想惟有使一班尝经被选为后、妃、王、卿相及名家者专门去负爱神之责，去实行为世间一切人类的情人。以这样晓得艺术与美趣及有学问与慈善之人去做情人，则其行为自然极高尚。他们对于异性者虽均有为情人的可能性，可是，这样情人于性交上，最视为极宝重的事，非遇万不得已时，定然不肯轻易给予，仅于握手、传神、亲吻、表情处示意罢了。他们使他们的对方人知交媾一事也可希望，不过非等到最浓挚程度的时候不能成功。这个最浓挚的程度自然不能预定，或者终身永无达到之期，或者言谈之间即能达到，全视用爱者与被爱者相与间艺术的手段高强不高强。以这样高尚的情人，加之以热烈的情感与有可以交媾的希望，自能使其对方人对他的言语举动有无穷的信仰和崇拜。例如，宝玉之于林黛玉，但丁之于壁亚特里施，孔德之于特乌之类。社会既有这样有资格的情人为倡导，则其余的普通情人当然有所模范，自能把相爱的程度提高，这是一面，即使人类对于信仰和崇拜情人之中，渐渐提高其信仰与崇拜的程度；一面使无情人的信仰和崇拜之人，缓缓地被这个好情人的风俗所习染，而也去信仰和崇拜他的情人。总之，我们可以说，将来一切的宗教必归于消灭，而代以"情人的宗教"，因为情人是爱与美的合一最好的表示。又我们可以说，将来一切信仰与崇拜可以消灭，但情人的信仰和崇拜是永不能消灭的，因为情人是爱与美的合一最好的象征。

现就本章做一结束吧：我们说，可赞美与可爱的一切物件和一切观念莫过于人类，这是孔德所要提倡"人道教"的本意。但人类中可赞美与可爱的莫如人类的先贤与后秀。而后秀中，可赞美与可爱的莫过于那些有资格的情人，这就是我所要提倡"情人的信仰和崇拜"，也即是"爱与美合一"的信仰和崇拜的宗旨。

附：美的国庆节

十几年来，首都双十节的情状，莫非是：照例，大总统受贺，阅操，赠勋章；照例，内务部扎几座牌楼，巡警厅令商店挂旗；照例，学校放假；照例，阔人食大餐，打大牌，逛大窑；照例，人民不识不知地拉东洋车，开爿店，上工的上工，食烧饼的食烧饼。不必说这个国庆节不能比较阴历新年那样热闹，就拿它来比中秋节的食月饼祭兔子那样盛况也觉得万万不如。寂寞的市街，冷淡的点缀，凄凉的天气，虚假的仪典幌子，无情操的和憔悴可怜的人民，举目所见的仅有一些临时搭架的假牌楼与那些差差参参的红灯笼竖立在又肮脏、又臭又黑的道上，好似满面灰土色的积世老婆婆乱七八糟地此处彼处涂抹儿点红胭脂，使人一见不免作三日呕。丑的国庆节呵！我一见你实在禁不住要呕，我实在讨厌你，咒骂你。

可是你十四芳龄，不应这样的憔悴形骸，只要把你精神和物质从美处去发展，就能变成为娇滴滴的美神了。我自以为参透你的新生命的秘密者，我今来说你蜕化后的新装与行为。双十前数日就把你行辕的尿屎堆积的北京地皮割去，把郊外鲜明的黄色土载来，将它浓厚地满处铺张。又不惜花费为你在天安门、景山及四城的中心点建筑些华丽的纪念牌坊。（将来纪念庙成立则借它做驻所。）以天安门为你受祝贺的中央地，到国庆日一早使你的公仆自总统以及国务员及现任一切官吏站立于一个极狭隘的棚中，这些人均穿极朴素的佣人衣服恰似公仆的样子，恭听坐在对面一座极华丽的厅上身穿大礼服的人民代表的训告。这些代表分为三排，排各约十人。先由左排约略这样说："公仆！你们一年来所做甲事乙事等等确实不错，我们代表国民，到来感谢。"右排的代表继说:"公仆!你们一年来所做丙事丁事等等实在不对,我们代表国民特来责备。"(所说的事当然实指)及后由中排者宣言:"公仆,方才二方代表所说甚是,我们国民希望你们从今日起,努力向善,补救过失。明年此日,你们如有成绩,才来此地再会,若不争气,请速引退,免受国民的惩罚,勉哉公仆!"人民代表训告后,由大总统代表公仆团向人民代表团行三鞠躬礼并应大概这样答词:"高贵的主人呵!承示训饬,敢不敬命,从兹努力,无负重托。"说完礼毕,由人民代表与政府人员阅兵,但所阅的不是开步走及几支坏枪只够祸国殃民的劣兵,乃是一些精练的工程队、卫生队及飞空队,以备阅后使工程队修理各处当日不完备的工程,使卫生队代理是日全行放假的警察职务,并以供给人民犯病的医药,使飞空艇队从天上散布了许多鲜明的五色旗帜,其中并附印种种革命史的图画与烈士的遗言,以备国民人人各得一枝存为纪念,同时并多掷下儿童的恩物与玩具，使小国民人人欣悦。如此人民才知道兵是为民，不是殃国，兵也知道民为主人，不是牺牲。于阅兵后由人民代表（政府公仆不配）将一年来确实有功于人道与民国者当众给予勋章，使所受者在群众掌声与人民公共意见之下，得有莫大的光荣，前此的冒功邀赏仅凭大总统一人的好恶从黑暗中不值钱如雨下的勋章各种弊病可以完全扫除了。

赏功既毕，由人民代表与各事业的团体，将一年来本国的学务状况、思想变迁、艺术优劣、农事盛衰、商务盈耗、工业进退，以及人民生活、妇女问题、生死数率，他如国民道德与卫生，并及军事、路政、财政、外交、法律、国际等等的实状，详详细细用各种鲜明夺目、篇幅宏大的图画，或雕刻，或统计表，或用人物假装，或将实事托出，一排一排地组成游行队以便人民参观。大乐前导，每队各由当事人穿了本业的五色服装，众人合撑大而且长的国旗，嬉笑玩乐，诸态毕呈。但见这边是代表学校的学生装，那边是农人装，第三队的为新女子的装束，如此各个表示国民的神情，一路唱歌、跳舞、玩弄、揶揄，周历全城的大街道而归。路如经过政府部局，应由其部局的全体敬谨招待，以使全游队之人得到大醉大饱为标准。

是日当然全民放假，不准有东洋车，不准妓女招客。应由政府把公有汽车及租借无数的汽车，指定路线，免费供给人民依序坐车到各处玩耍场之用，另由政府计算全城市民若干人，除幼孩另票外，各成人当给与本日最充分的面包票、冷肉票、酒票、茶票，任人民到完全公开的游艺场、剧场、公园、博物馆等，将票换了饮食的物品。各游艺场等一年来找了市民的利钱不少，一日赔本，也属应该，如消费太大的，应由政府酌量补助，总使人民于此日此夜中到处得了大醉大饱的幸福。节日的大醉确当提倡的。一个美的国度，平时应该禁酒，但在若干节日上则要人民大醉才休。在国庆日尤应使人人醉得如泥，愈醉的愈是好国民，愈应受群众的欢迎与卫生队的保护。务使大多数人东倒西倾，醉态模糊的壮男,与星眼羞涩的少女,和那些醺醺然的老翁及呢喃喃的妇人,一同扭做一团,有些似轻狂柳絮的飞舞,有些如娇嫩桃花的飘流。此日,当然准许社会的人不管相识不相识,只要一个人愿意就可逢人亲吻、抱腰、揶揄和戏弄,高兴时并要强拉硬挽他或伊去跳舞与唱歌,被请的人,如不愿意,仅好笑谢,不许生气。同是出去祝贺国庆,彼此皆为寻欢乐才出来,自然不能有硬板板的面孔如假道学家的闷杀人。

到晚,电光高照,各玩耍场的周围所排设的为各国革命的史迹及我们革命的情形。此边有徐锡麟被刽子手取出的心肝,那边有秋瑾女侠离躯的头颅,这是黄花岗七十二烈士大闹羊城的写真,那是武昌起义炮打总督衙门的缩影。极大的电影机与幻灯及剧场更当把这些事活动地惟妙惟肖地放射和表演出来。总之,务把革命烈士的高风烈节,以及那些专制官僚的凶残,打入人民的心胸,使他们知民国缔造的艰难与共和主义的可贵。那时在场的则做各种化装的跳舞：有些装成豚尾垂垂的遗老与手执鸦片烟筒的大清官僚，表现出种种卑鄙龌龊的状态向那些扮做以钱为命，以枪为护身符的民国政客和军人磕头，这些人又对那些装作狡猾阴险的洋奴与威风凛凛的洋大人鞠躬谄媚。在这样鬼怪离奇的世界，忽出一班少年男女身穿五色大礼服，头戴五色帽，手挥五色的纸棍，遇着上头那些人随手鞭打，而这些人对他们表示敬礼与服从，如此合为一处，做了乱七八糟，嬉笑怒骂的跳舞状。好过若干时后，约莫中夜时候，音乐齐鸣，国际歌、国庆歌、国歌、英雄儿女的各种歌谣更番盛唱。外边加上光明瑰异的烟火，如此大吼大闹一直到天明。

美的国庆神呵！你就这样创造出来！你既从美中诞生出来了，你的公仆还敢如从前一样的糊涂对待你吗？你的人民尚不能努力振作吗？你的仇人尚敢图谋什么复辟推翻你的宝座吗？由你的诞生节，使人民的情感彼此融洽，政治与国力日趋于光荣。美哉你的庆典！可贺哉你的纪念日！

第三章　美治政策

凡一个美的社会须由下各种机关组成之：（一）国势部、（二）工程部、（三）教育与艺术部、（四）游艺部、（五）纠仪部、（六）交际部、（七）实业与理财部、（八）交通与游历部。

先前的社会是"鬼治"的，及到近世一变而为"法治"，今后进化的社会必为"美治"无疑。鬼治可以吓初民的无知，但不能适用于近世。法治可以约束工业的人民，但极有妨碍聪明人的自由发展。至于我们所主张的美治精神，它不但在使人民得到衣食住充足的需求，而且使他们得到种种物质与精神上娱乐的幸福。这个政治是积极为人民谋进化的生机，不是如前日的一味压抑为能事。故它的组织中有许多部系新创的，有许多部的制度比前的或增或减。总之，在这个美治的社会所有机关皆以"广义的美"为目的。今就其中最紧要的一部——国势部——先说一说。

一、国势部的组织法与其政策的大纲

这个部事务有四大桩：

（1）婚姻的限制与介绍、（2）小孩与母亲的保护及避孕的方法、（3）户口的调制、（4）卫生的管理。

这些机关的设置专为制造美好的国民。我想这个极关紧要。自来政治家仅知制造良政美法，而忘却了制造佳男和美女。殊不知国民不好，虽有良法美意总无多大功效，试看我国今日手执权柄的"低能儿"，任凭什么好宪法总不能领会，甚且舞文弄法，盗买选票，私造省宪。故变法以来，由外邦所贩运的许多良政，无一不是害国病民。这虽由其中有些未免不适国情，勉强效尤，转多窒碍，但最大原因乃在无相当的人民能够利用他人的成规。不必说那政法经济，原属一纸抽象，全凭人去干为。即就最具体的机器说，也须在在靠人去整顿，才能有利而无害。我今举一例：现在自西直门到颐和园有一汽车公司，共有汽车二辆，可是每日必有一辆或全数因机坏，或轮折，或别种不幸的事故而至停驶。他们收费比东洋车不甚便宜，而常在中途停驶若干时，以致每每比东洋车更较缓达到目的地。至于舒服一事这些汽车更比东洋车大大不如，汽车的座位等于牛栅羊栏，车一开行颠簸得如在大海遇狂风，稍一不慎，头脑就要碰破车壁了。他们的汽车夫不必说是劣手，转弯拐角，似要拉全车去自尽一样。即在坦途，遇必要时，收机发条也觉得诸多不如意，若在黑夜里的危险更加万倍，照路灯时灭时明，明时有如鬼火的惨淡，灭时更不必说似在阎罗道中进行。我本暑假因家人住西山，自己每星期约自西直门往颐和园二遭,故极知道此中腐败的情形。想次次坐东洋车,则因路途遥远,看车夫的汗流浃背,有所难堪。想坐汽车,每次如赴丧车或上囚车赴断头台一样,每达目的地则欣然庆幸如遇赦复生。以我观察所得,他们车为外国的旧货车所改造者,机器已不灵活,而又付托那班"外行"的车夫,不知机器原理,不晓修理方法,若遇将就可以驶行时,则虽机身尘垢厚积一概不管,车轮将坏全然不修,只会轮破换轮,机坏停驶。请诸君看此不要惊疑吧!这个公司就是我国政府的缩影,这些车夫就是政府的办事人,这些汽车就是他们由西洋所搬来的新法。无怪人民骂这样汽车如骂新政那样的不好,又无怪他们歌颂东洋车如歌颂旧法的有利了。实则,现在的一班人才,什么新政都干不来,他们所经营的自来水,每滴就有数百个毒菌,比井水更肮脏(现年北京自来水的实状)。他们所管理的电灯比煤油灯更黑暗,而且时时走电伤害人。

如此说来，我们对于新政就从此灰心么？这又大大不然了。新政到底比旧政好，也如汽车到底比东洋车好，自来水比井水好，电灯比煤灯好一样的不用辩驳。不过需要付托得人，然后新政才有利而无弊，或利多而害少。如此说来，我们现在要施行新政尚属缓着，最重要的先决条件，就在养成一班能施行新政的人民。这个所以我们主张每地方上应该设一国势部专门制造美好的国民以应将来施行新政的人才所需求。其制造法举其纲要的如下所列的三项，即：

第一，国势部所管的为婚姻的限制与介绍的事宜。这项大意：是凡人民要结婚，须到一定的年龄（如最低限度为男子二十五岁女子十八岁之类）；须有相当的才能与事业能得谋生；须有相当的壮健如无肺病，无生殖器病，无一切不能治的症与神经病等；须有相当的德行，如未尝犯过大罪恶等。如有不及所限的程度者，国势部不出婚据。换句话说，不准他们结婚。遇必要时，就将一班低能儿及白痴者、瘸疾者、重大的神经病者、屡屡犯大罪恶者，把男的去势，将女的割断输送卵珠的喇叭管。如此庶免使这班劣种遗传为害社会。这是一种消极的抵制法。但国势部别有它的积极的任务，就在每处设立"官媒局"，将男女有结婚的资格者竭力介绍，使他们得到情投意好的佳偶。这个必将男女的身体、性情、事业、才能与"性量"等等详细调查，使他们彼此知所选择的标准与得到好伴侣的机会。例如一个身体衰弱的学者，如他对于性欲不能多用，若得了一个如狼如虎的女子，要使伊得到性欲满足吗？则我们恐不久就要索学者于枯鱼之肆了。若使女子不能得到相当的希望，则恐家庭不和，或且我们的学者就要如我国所说的戴"绿头巾"，或如法国所说的就是挂上"黄色花"了。这个不但说要成好夫妻，须有相当的性量，此外，如才能性情等等更关重要，最次等的即如职业，也当等他们有相当的谋生及养子女的能力，然后准许结婚，才免如我国今日的男女徒死一样，一味只知结婚与生子，底里连自己一人尚不够食稀饭，以致家庭等于地狱，子女无教无养，或流为盗贼，或沦为娼妓，或变成流氓与乞丐。总之，一对完全的好夫妻，需要彼此一切的条件相投，缺少一项，就失丢了一项的幸福。但凡遇这等冲动事件，当局极易于迷惘，又极易受对手人的欺骗。故最好先由"官媒局"用科学的方法，测验谁男与谁女彼此的条件最相宜。就此凭其公正的介绍手段使男女们得有凭借可以亲自试验，如果确实彼此相合，就此缔为良缘。这个人间良媒，岂让天上月老，愿天下条件相合的有情人都成了眷属。国势部的责任何等重大，官媒局的事务何等美趣！

第二，国势部所管的为小孩与母亲的保护及避孕的方法。小儿的保养至为艰难，这是一种专门的事业。我敢说，现在的父母，尤其是我国的父母，极少数的知道养儿的方法，尤其是在授乳时期。小孩在这时期不会说话，遇不舒服时仅只会哭。哭声似是终久一样，但所需求的时时不同。苟非有经验的人不知他所哭的为何事。最普通错误处，是婴儿不消化而痛哭，为母者就把乳头一塞其口，以止其声。如此继续，肚愈积而愈不消化，不久就呜呼哀哉了。故小孩期的死率最大，一是自然的表征，一可见养小儿之不得其法。故要免为父母的外行与溺爱的弊病，应由国势部于每处相当的距离地方，设立一婴儿院，其中当然由有经验的男女医生及看护妇为管理人，可以得到纯粹的"科学养儿法"，而父母于极相近的婴儿院安置其小孩，可以时时到其中得到情感的安慰，而小儿也能得到情爱的灌输。这样一面可免有家庭不卫生的危害，而一面又能得到家庭的情感，如此办法比现在的婴儿院一味冷淡无情，把小孩养成为寡情少恩的人好的万万。因为在现在的婴儿院，小孩虽能得到物质的满足，究竟不能补偿精神的损失。

说及母亲的保护，应该使产妇于临褥前及生产后有一适当的长久时间的休养。富的仅由国势部时时调查其家庭是否遵守此项的法令，其贫的则应由公家请伊人所建设的"母亲院"以实行其保护的责任。本来个人为人的义务不是在生小孩，但为种族起见，个人上似当为人种而牺牲。生产确是女子对于人类最大的牺牲，故人类应当对伊尽种种的报恩感德，使伊虽受身体上的痛苦，而得着了精神的安慰。其次，妇人如勿过老或过少，大约在三十岁，并且所生不多如二三个之类，则有因生产而反更加妩媚者。女子十八变，儿时的娇憨、少年的羞涩、为人母时的慈爱皆是能善其变者，皆有她的时期的美值，只不要一味生小孩变成老母猪就好了。至于孕妇确有一种美趣，乳部的发育突起，臀骨的伸展扩大，皆非少女所固有的美丽。而且生过子后，如生殖器保摄得法，女子的"性趣"倍加滋滋有味，似乎另外发现一个新乐趣的世界，似乎自然专以此酬劳为人母的妇人。至于娇娃在抱，此一块肉即由自己所创造，欣赏之余，更有无穷的骄傲，到此地步女子真有权利向男子说："我看你们真不配与我们同等啊，如你不信，我就请你生出这个来。不但不会生,并且你不会养啊。"但凡有情感的男子们,定当三跪九叩头慈爱地答:"我爱,是是!"

可是,母性固然是最可敬重的,但应由女子的志愿去安排。伊们如不愿生育,则无人——纵亲夫也枉然——有权力能去压迫伊去做的。为人道,为人权,为自由意志起见,女子不肯生子与肯生子同为男子们所敬重。我们一边敬重为人母者的牺牲,一边又敬重一班不肯为人母者的觉悟。将来进化的社会,男女必有一班"中性人",即男不射精,女不受孕。他们专为社会的事业努力,他们将精力升华又升华,不愿作无谓的射精与产育的牺牲。他们让这样责任于别一班人类。其实,无这班生育的人类,最多不过人类灭绝而已,究之,人类灭绝,关系我们人类甚少。最紧要的就在这些猪狗似的无穷人类,衣食不饱,精神全无,如此才是到世间来受苦呢。故为人类传种者的功劳,终不如一班为人类创造事业者大。与其鼓励一班人多生子如今日许多不长进的政府一样的糊涂,则不如奖励少生子而多多鼓励人去做社会及学问等等的事业。我们美的政府就应有这样的觉悟,故国势部应该在各处多多设立"避孕局",凡一切避孕方法,药品器皿等等尽力宣传与极便当地供给。务使人人有避孕的常识,家家有避孕的药品器皿。其失败的,准许于受孕一个月内到避孕局打胎,但此事须经过避孕局的准许,不准私人去施行。打落未成人形的胎儿一问题,经过许多辩论,可以证明不是残忍的。它的不残忍也如避孕者不许一个精虫独活的一样意义。因为严格说来,每次射精,何止亿万的精虫,这些精虫终归是死的,杀亿万的精虫而救存了一个精虫,不得如此称为善人,故最慈善的莫如不射精,但把它们压死在精囊也是对不住它们的。总之,各人有处置自身的事情的权利,胎儿不成人形,不过是妇女的一个肉块,伊们应有处置伊的权利。但打胎甚危险,必要经过医生的手续,始免使大人有生命的损失,故此事不能由个人去举行,需要由避孕局去帮忙才好。

第三，国势部于管理上头所说的二项事务之外，尚有一种极要紧的，即是户口的调制。这项大意，第一，是由国势部调查一国某地方上人口最多与最难于求食者，就把它调动到一个人口稀少易于谋生的处所。就我国说，应把内地人民移到东北、西北等地方去。如一国通通容不住了，就把他们调动到别国度的人口稀少者。第二，如全地球无地可以调动，则与其如今日列强的因户口膨胀不惜寻殖民地与人类宣战，反不如把本国人口设法减少，总期国力不至于摇动就够了。如我国说，能永久保存四万万就好了，如不得已时就减少为三万万也够了。三万万的人民尚不能立国与人竞争么？则何解于日本先时的三四千万就能发愤自强。故一国的强盛不在人口的繁多，而在其有相当的人口后，使他们多多有了人的资格。试思我国现在虽有人数，但无人的效率，以致十人或百人费了许多食粮而所做的工作抵不过一人之多，如此人口愈多而愈贫与愈弱。我们美的政府，仅求有相当的人口就足，但有一人口，除低能与残废外，应该求一人口的效率。国势部在此层上的调度更为紧要。它对于人民有给予各人各就所长去做事的义务。它对于人民有给予不可少的生养费。它对于人民有尽量引导到极乐世界的责任。

就广义说，关于户口的调动一问题，须由国际上共同协力，才做得好。我尝想：到而今虽有种种的国际约束，如法律，如军备等，但都不能生出大效力，因为人类根本的冲突就在户口的膨胀一项，这层未达到国际的解决，以致一国人民食饭的问题一起，则其余的国际的法律问题、道德问题，甚且军备限制问题等就不免予一概推翻。饿鬼的力量最大，无一物能抵御它的。我想今后各国如有觉悟，则彼此商酌，计较各自国的经济如何与全地球的需供若干，用大公无私的眼光及精明的科学方法，限定每国的户口最高度的仅能达到若干，则这个根本问题解决，余的问题就易商量了。

或说，限制一国户口于一个最高的数目，实行上似甚困难。我想这个似应由情人制及避孕的方法去提倡，因为情人不肯多生小孩的。倘一地方上如超过所预定的生产额时，则当大大奖励不生产者的妇女，及极严地限制婚姻的条件。又我想将来如医学更加发明，必有一日得了一种有期限的避孕注射浆。如遇一个地方已超出所预定的生产额时，则把这浆将成年人个个注射，如此于一定期限内，全地方就不能生育了。过了期限，如需要人口时，就不再用浆了。这是一种"理想药"，等到我们理想国发现时，它或者也应时发明了。呵呵！

第四，卫生一项关系于制造美好的国民甚大。任凭个人如何生长得好与保存如何得法，若公共卫生不讲求，终难得到美善的结果。况且，佳人易老，好花常比恶卉易被风雨虫蠹所摧残，缘因美人多愁善病，英雄事多神劳，他们更须有好环境，十二栏杆好与护持，始免使人有"不许人间见白头"的悲哀。故为优种计，势不能不先求优境，国势部对于地方的卫生应视为无穷重大的事了。道路、屋宇与公园等的经营，如何始能使人民得到安适与美趣的生存，我们留在后节去讨论。现在所当提及者，第一为清洁的方法，最紧要处，当于每地方上就其人口多少设立适当的公共洗浴池，限定人民至少必于一定时间到池洗浴一次。池的建筑当力求美丽与广大，池水清净，温冷宜时，使人入其中可以游泳，可以玩耍，男女老少最好不分，穿浴衣者听便，虽裸体也不为嫌。我曾在日本观海寺温泉遇欧妇数人和我说日本男女裸体共浴为世界最野蛮的行为，我则向伊们说这是世界最文明的事情，而日本政府禁卖裸体画才是最野蛮的政令。日本民族所以能站得住，当与这个性的公开有些关系。男女得此暗示，性官倍加发达，性趣倍加冲动。性官发达，其余肢体当然随其比例扩展，所以日本男女大都是好身材。性趣冲动，其余精神的方面，也不得不兴奋，故日本人的意志甚见刚强与努力向上。可是男女能够同浴就好了，我们不是苛求必定要裸体的，欧美的海浴已够使两性于浴衣隐约间，领略无限的滋味了。

另外，说到医院的设备，如肺病、酒精病、刺激病与生殖器病等皆当有普遍的专治处所。在社交自由的社会，生殖器病极易于蔓延。我写到此不免叹及现世社会的假文明了。生殖器病，原与普通病相同。而现在社会必忌讳为"秘密病"，或诋斥为"花柳病"，以致犯者讳疾忌医，遂使可治之症，变为不起之状，甚至烂鼻断指，遗毒子孙，这是谁的罪过？这是假文明与提倡礼教之人的罪过！补救之道，惟有照我们的情人制去做。则娼妓必定逐渐减少，至于绝迹，"花柳病"就可完尽了。但社会是有历史的，我们既承受了这个恶毒的社会，难免尚有许多受了遗毒的人类，或因一时的冲动而致加害于对方。或则有些假情假意的男女，身既罹毒，尚要贪图他人的便宜。或则不知自己已受毒，无意传染于他人。总之，国势部对此有二种责任：一是多多宣传，使人民得到性的道德与生殖器病的因由与预防的方法；二是多开这种医院，使犯者得了极便捷的补救。故最好，国势部有权力使犯生殖器病及一切传染及凶恶的症者皆须从速报告"官医局"，以便设法救治。我信爱是不加害于人的，故凡染此病者断不肯加害于他人，何况是情人。我又信爱是宽容的，故凡被对方人一时无意所传染，当视为一个无意的灾害，断不肯以此怨其人。因其登徒子而轻蔑之则可，因其多情而被骗，遂而怨恨之，则未免失于不宽容。可是，这个非等到情人制实行不可，因为情人的社会，自好之人必多，两性既有正当的发泄，自然不用去狎玩最肮脏卑鄙满身是毒的娼妓，由此生殖器病必定逐渐减少。况且，彼此既是情人了，犯此病者断不肯以此加害于其情人，势必急求医治，若国势部再能加意防范，与供给病者便利的医药，则为人类大害的生殖器病，就可望从此绝迹了。

说来说去一大篇话，尚未丝毫去实行，甚觉惭愧，故其余一切细章不敢拉来公布了。横竖你们知本部的用意就是在制造美好的国民。你们看了我们在上头所说的，或者同意我们说能如此做去，确实有得了美好国民的希望，那么本部的目的就算达到了。至于本部实行的人才是谁？转了一个弯儿，还是要美好的国民才能做得到，那么，现在我国既无这样人才，只有待我们从速去制造就是了。

二、工程部——美的北京

这个部应办的事约有四项：

（1）路政、（2）建筑、（3）需要品、（4）点缀品。

我今就把一个具体的组织，如以"美的北京"来说明吧。怎样能把北京的工程做得好？第一，就把外城、内城及紫禁城拆去，将城砖出卖，得价做修理这些城基为道路之用。其路宽大者则于路心种花木，两旁设坐椅。至于北京旧有的道路如有经费，应当全数修理；倘若无钱，则我想出一个最简便的整顿路政方法，这个是把若干年来北京路上所积蓄的最肮脏、最臭气且最毒害的黑土，载到郊外为田园肥料之用，而回车则载满郊外的洁净黄色土来填补。若能使农民知道这样黑土乃北京数百年来市民的大便小便及脏水的结晶品，比什么肥料有效力，那么，他们必极愿意地从城外载洁净黄色土来城内交换了。这样办去，市政府不费一文，北京城内的道路皆铺上了先时皇帝所喜欢的黄土毡毯，而居民由此免致时时呼吸那些至毒的黑土，于地方上的卫生与雅观大有裨益，自然免如今日的年年有传染病的危险与所见皆是粪便色的道路了。

说及建筑一层，有地面上的建筑如房屋之类，应该每街每区上有一个齐整的格式与美丽的观瞻。凡要建筑或改造的人，必须呈报，如不按章，就不照准。（现时京师市政公所也有这样的官场文章，可惜仅是一种官样的文章！）至于地下的建筑，如地下屋宇及暗沟之类，在我国上更当大大去注意。凡建屋当掘地窖，于其中辟为房间或为储物室。这不但多得了些地方，而且一切杂物免在上层妨碍卫生与观瞻，并且这些地下处所，夏天阴凉，冬天温和，作为住居也极相宜。我意以后建屋之人如无地窖，工程部就不照准，这是一个在我国不可少的强制提倡法。论到暗沟一项关系尤大，在我国各地方——北京尚然——都无暗沟，以致居民脏水无从发泄，只好从这处泼到那处，泼来泼去，终久泼在一个地方。可惜地方不会变大，而居民继续生存，以致所泼的愈泼愈脏，愈泼愈毒。试看近沙滩北京大学那一桥下的沟水，它是积古的铜绿色，泼水夫把它泼在地上，居民就把他们的尿与脏水加上去。雨下了，风刮了，就把这些地上积土再泼到沟中。天晴了，地干了，路夫又把沟水泼上来，居民又把他们的尿与脏水加上去，如此继续不休，一代一代地泼上来又泼上去。我常说，可以饮小便，吃大便，吸精液，但不可以闻这样的水味与这样的土气。可悲哀的是北京市民虽不要闻这样水味与土气势不可能！难怪许多久住北京的达官大佬及文人学者就要变成这样的水味与土气了。原来一个地方上暗沟的关系，有如个人排泄器一样的重要。现在的中国地方好似一个人仅有食而无排泄一样，难怪一身尽是臭气不可向迩了，难怪中国什么地方都有一种奇臭的滋味了。故我们今后如要地方上的脏水排泄得去，臭气不会发扬出来，则当讲求暗沟的工程。公众的大小便所也当位置在地下，如此一城的脏水与臭味有所归宿，不但一切蚊虫之类，不能繁殖，就一切的毒菌也不会附水黏泥传播人间。中国人啊！把你们自己排泄器整顿吧！不要一味只图食与饮，到底来，恐怕肠肚积得臭气太多，以致有生命的危险啊。

　　一地方上的第三种工程，就在把所需要的物品充分制造出来与极便宜地卖与人民。例如北京现在的厨房所用及冬天取暖的火炉，皆是多费炭而少火力的器具，应当由工程部重新制造德国式的火炉卖给人民。又如一切家具、器皿、玩具等等，工程部皆当从良制造供给人民的需用。又如以药品说，也当由众经营，不能任一班药商居奇取利。譬如

"阴户洗具"为妇人不可少的物，但今日在我国须花费数元才买一具，若由公众制造，则每具不过数角就够了。又如"避孕药丸"现在所通行者每打概须壹元余，若由公众办理，则每打不过数仙就足了。其实，各种药品，大都类此。奸商取利原不足责，可惜卖价太贵，购者不能充量取用，于公众卫生及个人目标的达到有所阻碍，这个的损失才算无穷呢。至于衣服皮革制造之厂，米面罐头供给之场，关于国计民生更大，凡此皆应由工程部从大筹划，务使家给户足为要。

我们现应说及点缀品了。这项工程如公园、博物馆、剧场、音乐场、跳舞场等等之类更为一地方生活兴趣上的关头。凡一个地方上如无这样的点缀品，则其地人民就无异于禽兽的群居，故这项的点缀品关系极大，应由工程部以艺术的手腕去经营。今就北京说，我们也有城南游艺园、中央公园、北海公园等公园，可惜落在官僚之手，一味只知收门票而不知管理为何事。况且所收门票甚贵，直可说不是市民的公园，只是一班资本家的私园。至博物馆，如三殿等，所收门票更贵，而且所排设的古物不知科学的方法去整理，使观者无多大兴趣，况且真的古物常被换为假的古董去了。幸自溥仪移居后，故宫全数开放，可惜"清室善后委员会"无钱办事，迫得也收门票壹元，以为参观故宫之费。（闻每月可收数千元，其他产业尚不少，遂使内务部眼红，以致出来竞争管理，后日尚不知鹿死谁手。我当清室善后委员会发出这个争执的宣言时，尝说委员会也有不是之处，第一，它的定名不高明。我以为满清强占我们汉族的宫殿、古物与财产，正名定义，应标为收复国物委员会，不应说为清室善后委员会，使人不免疑了清室之物，何劳我人去善后。第二，他们对于故宫的参观卖票太贵了，如因办事需费则可便宜卖票，如每票一角，或数仙之类，使人民多得入或长时得去参观。但我意，应由委员会别处设法，对于故宫总以勿收票费为相宜，使人民得以自由参观为目的。第三，委员会所拟的把故宫改做什么文化馆等的进行极迟缓，以致他人有所觊伺。计自接收以来为日已久，委员会只有查点一些宫内存物的成绩，其他进行毫无所闻，这也是使人民大不满意的地方。但是，委员会无论如何总是一班公正之人，由他们办理故宫，总比归于内务部一班官僚好得万万。）论理，现时"京师市政公所"所收市捐甚多，正可由这个机关供给各公园、各博物馆的办事费，而免收一切的入门票。但现在的办事机关仅会取利食饭，安能望其为市民出力。故最好由市民组织一个"美的北京办事处"，受工程部的指挥，把那些公园、博物馆及故宫等完全免费开放，而且将一切的工程办理得完美，使人人得入其中参观与欣赏。此外，对于剧场、音乐场、跳舞场，更当把它们建筑得成为宏伟美丽的大观。

总之，"美的北京"如就上所说的路政、建筑及需要品与点缀品去留意，则已达到大部分的目的了。但北京太旧了，老妇无论如何去修饰终不能十分美丽了。故北京要变成为较美的处所，应当从四郊去发展。大概于东南郊方面为实业区的扩充，于西北郊方面为住居及读书区的位置，东西南北各划入四五十里，如东南至丰台一带，西北至西山北山之间，统统圈入，如此名为"大北京"，或名为"新北京"。这才是我们理想的"美的北京"。

因为，美的城市，需要一方有城市的利益，一方又要有乡村的生趣。现在各国都是大城市大发达，而乡村大衰落，这个缘故是城市谋生较易，兴趣较多且较安宁。但城市的腐败与大小相比例，凡城愈大的其罪恶也愈多。故今日社会上发生二个大问题，即如何使城市有乡村的生趣，与乡村有城市的利益。这个当然应使城市为乡村化，乡村为城市化才可。城市乡村化或乡村城市化，究竟，都是一样，莫非是使这个"第三者的居民"可以得到城市谋生与交通的便利，和乡村的美趣与卫生。就此说来，由前门往东南至丰台一带为各铁路汇集之区，极宜于商业。且丰台一带又宜于花果及生菜的耕植。这样的推广，若干里中就有一个商工区，商工区之间，又有田园的居民，这是城市的乡村化了。那西北一边，由西直门到西山北山间，极宜于居住及读书。别墅与读书区错落于园圃山水之间，利用电车与轻便火车及公共汽车联络北京，则乡村中就成为城市化。实则，将来各城市及各乡村的发达皆要如此做的。必要使它得到"城乡合一"的利益，然后住城者免致一日与工厂的烟囱为伍，而住乡者免有野蛮生活的悲哀。美的城乡合一图，是此处到彼处间有花园，有田野，有池塘。这个旷地可以散步，可以运动；这个旷地供给居民的好空气，与那些美丽的画图。旷地四边为居民及工商区。此区与彼区相离仅若干里，由电车与汽车的交通，则都不过数分钟就可到达。不即不离，若近若远，举目一望田野与市居间，隔得齐齐整整、疏疏落落。既得夜里听蛙声，又乐日间见烟雾。每日由此区到彼区做工，或经商，或读书，或交游,或玩耍,则觉得忽到一个新地方一样。由此穿过若干区就尝得若干新城市与乡间的趣味,这是一种利益。每区各有专业,如西山区为读书的,前门区为商业的,则各得特别出力去经营,如商业的区域,一切建置专门从商业方面去发展,读书区域专门从教育原则去谋为,如此业有专精,四民不相混杂,这是别一种利益。此外,做工与休息的区域应当分开。例如,此区为工厂之所在,则别区人民日间到此做工,夜间可以返他清静的本区休息,如此就可免终身为机器声音所扰乱与烟囱的侵害,使人民得到休息与做工的调制及卫生的功效,这又是一种利益。总之,一个美的地方的工程,当从分业与分区去建筑,其中间当用旷野隔开。各区域不可过大,各旷野不可过宽,彼此各以最便当的交通法,互相联络。务使人民虽在城市之中觉得如居田野一样,这是我们今后理想的环境了。

可是,从此说来,"老北京"的居户鳞次栉

比，太不合我上头所说的原则了。即就"新北京"说，所补救的也属微细。故用严格求之，北京不配做我们的京都。只可当我们北方的一巨镇。我们理想的京都是南京。不必说南京气候较暖，尘土不扬，最优胜处是它的虎踞石头，俯瞰长江，为南北交通的要道，是中外通商的咽喉。并且南京自太平天国灭亡之后，被满军所摧残，到而今尚是荒凉遍地，户口萧条，我们在此建筑安排，大可自由布置，不是如北京满处已被许多腐败的民居及衙门所占住。况且我们所希望的"大南京"，乃从上海达苏州的一片大平原，照我们上头所说的"城乡合一制"打为一片所造成。它可由此成为东亚并为世界第一的大京都。凭借江浙的富裕与一国及全世界的财力与人才去经营，这个希望定可达到的。

要之，我国一切的城市乃由先时农业制度及一国的形势所造成。现在工业的世界，又是全世界通商的世界，故许多城市必须移易位置，始能应时势所需求。所以今后的市政，把旧的改头换面，更属小事，最要紧的是择其最优胜的区域或改筑新城，或添设新界。而所添设与新设的城市，须用"城乡合一制"。今就这个城乡合一制的建筑法做一提纲的结论，即先当定其地面为若干宽，后就这轮廓中择其最中心的地方，建筑我们在上章所说的纪念庙。由庙出发为五条大经路，把城市划分为五个约略平均的大区域。这五个区域，即一为读书区，一为住居区，一为工业区，一为商业区，一为艺术区（如剧场等）。位于纪念庙旁边的为博物院、文化院、医院、慈善院等。每从此区到彼区，由旷野隔开，凡花园、游艺场、体操场、踢球场、网球场、竞赛场等，就在此地。此区与彼区当然由许多纬路联络。今作一简图表示如下（也可名为蛛丝网图，如图9；至于要使我国现在的乡村变为城市化，则应把交通办好，以便与城市联络，这个制度恕不详说了）。

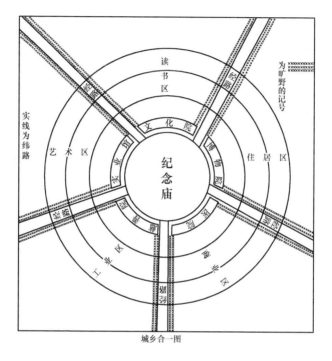

图 9

三、教育与艺术部

本部分以艺术的教育为宗旨,分类则有四项如下:

(1) 社会的艺术教育、(2) 学校的艺术教育、

(3) 情感与性教育的艺术教育、(4) 白话文与新文化的艺术教育。

(1) 社会的艺术教育——这层为当今教育家所最忘却了。例如以北京说，人们仅知去办许多有名无实的大学校，但其效果，倒不如多开些厨房夫、东洋车夫、老妈子、听差及许多普通工程师的学校，于社会上更有无穷的利益。

我国无一事如人，惟厨房差足自豪，可惜厨房学术陈陈相因，不能精益求精。甚且食物肮脏，不合卫生，烹调失法，不适口腹。饮食为生命的根源，假使厨房讲究得法，不但省费，而且美观，又益身体。并且，美国人嗜好中餐，中人在美国营厨房业，多能得利。故无论对内对外，厨房学校不能不多开，使要为厨夫者练习烹调的方法与清洁的道理，并同时教以关于饮食经济上相当的智识，与中西餐异同及优劣之点和整理饭馆与接客之道。凡聪明的人在数月内就能毕业。法国厨夫在英国大客店与大邮船上当厨头者每年可得薪水千余镑，和我国国务员的薪俸差不多,这个可以见出厨夫的高贵了。我国厨夫如有相当的学术,将来或能同法国厨夫一样被全世界所欢迎。说不定,有一日大菜单上自头至尾皆中国名目,不止如今日单以"李鸿章杂碎"见长而已。那时,我国厨夫遍布地球,为灶神的使者,司人间的肥瘠,这个职业的艺术实在值得提倡的。(巴黎的厨房学校,乃由市政厅所办理者,如我国的市政厅肯去办,我们的教育部自然乐于让与。)

又有一个为我国社会的重要职业,也须用艺术方法去教导者,则为东洋车。东洋车夫的生活等于牛马一般的苦恼。但今于牛马状态之下,应该使他们稍得人类的生趣,其最要的在使他们得了些常识,如能阅书报等当然更好。退一步说,应使他们知道拉车与卫生及美观的方法。据人调查:车夫多犯脚痛、肺病及生殖器病。大概脚痛缘由,乃因脚肚无适当的束缚物,遂致筋脉松放,跑时易受震动。若使他们用布带从脚跟到膝间紧束,自可避免脚痛之患，最少也减少其痛苦，鞋袜也当有特别的配制，这是一种补救的方法。车夫肺病固有种种因由，但当其拉车前走时，若使其口紧闭，仅用鼻孔呼吸，自然免如现时的大开其口饱受灰尘的弊病；此外，因闭口则走时不致气喘，较能耐劳与走得动，这又是一种补救的方法。每见车夫拉车时不知重点的所在与所执车柄的距离若干才适合，以致不管坐车人的肥瘦大小，一味只知死执一定的车柄点，以致力出极多而行极缓。并且每当跑时，不知跑的姿势，应头向前胸微弯，他们尚如平时走路一样，底下的脚跟又不知用足尖出力，只见硬直直的前半截身子与两条腿死板板的钉住足盘全部一跳一跳地如鹅脚鸭掌一样的踯躅。至于衣服不完，袜履不整，并且都是无帽可以御寒抵日，遇食时有客即拉，住宿处易受娼妓的欺骗等等，皆应给予相当的指导与卫生的常识，这又是许多补救的方法。别的，如夏时须用麻布的坎肩与短裤，冬时须穿较暖的衣服，务使车夫有一律齐整的形色，此事应由行政机关责成租车人免费地同时给予车夫。又如禁止太老与过少的车夫及定路程车费表等事，皆应由巡警局去负责。（到了社会有相当的职业供给之后，应禁止拉东洋车，而代以马车、汽车等。）

总之，凡事皆要受过相当的艺术教育，才能用力少而收效大，并且才能使做事者具有兴趣而减少其劳苦。牛马的生活已堪可怜了，可悲哀的，东洋车夫无牛马的强壮，而任牛马的劳苦，所以比牛马更觉可怜。有心社会事业的青年们，即刻起来负救拯之责吧！倘能每季有二三日到满街向车夫指导，自能得到极好的成绩，这个运动比别的宣传不减相当的价值。

于上二项外，一切用人如听差，尤其是老妈子，应使他们受过相当的艺术教育。北京老妈子是家庭的管理人，是厨妇，是小孩的保姆，有时并且得"老爷陪房"的兼差（俗所称的上炕老妈）。可惜这些老妈子愚蠢无知，喜欢偷窃和欺骗，满身臭气不可向迩（除一班老爷们别具嗅觉外）。听差当然也有不少相同的毛病。有友人说在中国生活免受了佣人的毒死已算万幸，尚要求什么美观；又有友说在中国生活比外国最少当减短十年寿。但我附说：中国所谓高等人者大都无良心与不道德，抢杀劫夺，随地皆是，这些人为外国人所看不起，我们尚可说他们是我人中的不长进者，但我们主人翁的国民代表被外国人雇去者大都是愚蠢丑陋的男听差与女佣人，这样劣种实在不能抵赖了。无怪有友说，船往西行时过苏伊士运河后外人才肯视我人为平等。故我们今后要使人看我们是人，我们应该先勉力做人。今后我们应当使现在最为人当做不是人看的厨夫、东洋车夫及老妈子与听差之辈，从速把他们的职业改成为艺术的事业，而又使这些人皆变成为艺术家。如此，我们在街上所看见的乃是一班衣服齐整，打缠腿的雄赳赳东洋车夫，及一班娇滴滴美丽的女佣人与那些清洁知趣、讲仪节、晓得卫生的男佣夫。这些人回家时也可整理自己的家庭使成为有艺术性的设置，这就是教育部今后对于社会教育应尽的责任。

此外，尚有一些事关系于社会的艺术教育更大，即凡一切的职业，今举其要的如屋宇建筑师、园艺人、衣服匠、木匠、铁匠，以及汽车夫、染工、织工、罐头匠、钟表匠及一切机器工与一切的女工；其在乡间的为农林工、牲畜工、养蜂工及一切农具与肥料及修路等的工程等人皆应使成为"普通工程师"，即使一些国民学校或中学毕业生于晚间到这些"普通工程师"学校上课一二年就得上头一样的普通工程师名目，由此使他任事自然业有专精，必定物品优良。（这个制度可参考伦敦市区所办的同一目的之学校。）以今日我国一切工人说，虽有"徒弟"学习的时期，但这样师承，陈陈相因，只见退步，并无进益，其他弊端尚不胜举。故将来"徒弟制"应严禁止，而使学者入普通工程学校，于其中不但得了他们所要求的艺术，并且能得些相当的知识与德行。（我曾经计划使中学生不升学者必习一种求生的普通工程师职业，始许毕业，后来因我不做校长他去，遂至不能实行。现在一般学生毕业后，大都做高等的流氓，若能使他们在地方上任了一样如我上头所说的工程师职业，自能大益于自己及社会了。奉劝办教育者多多留意。）

总之，一个美的社会需要使一切国民皆成为有艺术性的工程师与办事人，此外，再行培养一班的学问家及艺术家为社会的指导家。前的为一切国民必具的常识如我们在上所要求于普通人都去做的。后者为一班特出的人物为我们所希望从学校系统上去养成。

（2）学校的艺术教育——这层可分为幼稚园、小学、中学及大学，并使其成为一个整个的系统去培植，即自幼稚园到大学皆有连接的必要。于幼稚园及小学的时代则注重学生自动的"模仿性"教育。模仿性为这个时期天然的倾向，但当使学生自动去模仿，庶能养成少年时的创造性。创造性确为中学时代的固有表示，但也当听学生自创，庶使他到壮年时期为有组织的人物。组织一事为成年天性所喜欢，故当在大学时代去学习。由此看来，模仿、创造、组织，不是三事，乃是互相联络为一气用。好的模仿中有创造，创造中有组织，组织中也有模仿与创造。一个好教育制度，必使学生具有这三者的才能而又使他能会通为一贯之用。

在幼稚园及小学既以自动的模仿教育为主旨，故它的课程，仅有音乐、跳舞、游戏、唱歌、雕刻与图画及建筑。所谓科学常识，行为艺术皆附属于这些课程之中。例如：从音乐上教他算学，从跳舞上教以体操，从唱歌上教以诗词、歌赋、历史、地理、传说、歌谣之类，从游戏上教以为人之道，从雕刻上教以生理及解剖学，从图画上教以文字的演变并教以人类禽兽心理的象征与一切天然的状态。总之，我想儿童不懂什么叫做抽象的推理，故最好的教育莫如从具体的物件使他自己去仿造，我想若能将上头的功课定为儿童的根本学问，自然他们由此可以得到艺术的兴趣与创造的才能。

其次为中学时代,这是十三四至十九二十岁之间,乃人性最喜欢创造的时期。在这时代当给予各种科学的知识,一切艺术及政治与心理及性教育等也当以科学的道理为基础。可是学习的手续皆以艺术方法为依归,如习数理、天文与物理、化学者则以"相对论"为凭借,学生物学及社会学者则以变迁律及进化论为目标。如此学习科学不但免把科学变成死板板的学问,而且皆能使它成为有艺术性的兴趣,并可使学生对于各种学问皆有创造的可能。

说及大学的教育,一面,于法律、政治、经济、语言、风俗、宗教、行为论等皆用艺术方法去研究,即看这些学问各有各个性的独立而又有彼此的互相关系;一面,大学生应实用了艺术方法自己到社会去学习上头各种学问的组织情状。故大学内应设立各种调查所,如政治调查所、经济调查所、风俗调查所等,由学生任调查员,就其调查的成绩以为毕业程度的标准,如此,自可废除考试的制度。此外，有一事与大学生对于社会的组织学识极有关系者，则定国立大学彼此行"转学制"，即每系以单位为标准，凡大学生如须于四年内修完者，则此四年中得以转学四个大学，但求凑足规定的单位就好，这样，则一学生可以到北京、广东、东北、西北各大学去，不但他们有选择教授与功课的自由，并且可以得到各处社会的知识。今就这个转学制的利益计算有四，第一，除为经济所限制外，学生得以游学本国各地，而对所学的地方，自然有相当的情感，不会如今日因地理的关系而至于南北东西的隔阂常因此误会而至于互相仇视。第二，学生得从各地大学有名的教授上课，免致死守一校敷衍听讲全为单位所胁迫。第三，著名教授虽在僻省，也能得到许多学生。恶劣教师虽雄踞名校也无学生上课。由此，庶使学者散处各地免至于聚集一校，致使全国教育成了偏畸的毛病，而恶劣先生不得不努力猛进，免如今日的许多大学教授一味以念书本与跑街为能事。第四，各学校必然互相竞争，举凡请教授及校舍与仪器的设备及图书馆的组织皆必力求美备以为招徕学生之计，断不会如今日的一味敷衍为了事。由上四项说来，转学制可算有利而无弊了，故我极望由我们教育部去施行。

（3）情感与性教育的艺术教育——由上头所说的艺术教育做去，学生皆能成为艺术家，这样人当然易受了情感的教育。我以为情感的养成，第一，在使社会人人皆有音乐、跳舞、游戏、诗歌、建筑、雕刻与图画的常识。第二，特别为一班人办这些艺术专门学校。第三，它又不是专从学校的书本，乃从团体与具有兴趣的生活所得来。凡学生除对于学问须任个人的特性去研究外，应当使他们多多得了团体的兴趣生活。这个生活不是如幼稚园及小学生、中学生等一同游戏，一同上课就算，应该使他们起居、饮食、动作、游艺等等皆以这种生活为目标去组织才可。故我想要达到这个目的，应当将学生求学时期分为二起：一起是在校内上课的，应专任各人从特性去发挥（如实行道尔顿制①之类）。自幼稚园生起至大学生止该当听各人所长去单独研究，切不可一味笼统地如今日的班级制的全不尊重个性的发展。但一起为假期，如春假、夏假之类，应使各学生到山间或水边过假期的团体生活。这些假期当视为学生必修的功课一样，不准学生托故不去。自然应于山间或海边——如在北京说，则以秦皇岛、北戴河与西山一带——办理有规模的假期学校的建筑物，无款时无妨以帆幕代之，使学生在假期内，既得山明水秀的乐趣，惠风明月的美感，又使他们于其间研究种种的艺术：或临清流而浩歌，或对鸟鸣而弹琴。白云渺渺，风啸潮吼，江山如画，人物可亲，这是最好的诗料，也是最好的雕刻与图画的"模特儿"。七十二巫峰招侬攀仰，亿万兆浪头任君

---

① 道尔顿制，1920年美国 H. H. Parkhurst 在马萨诸塞州道尔顿中学所创行的一种教学组织形式和方法。其目的是废除年级和班级教学，在教师指导下，各自主动地在作业室内，根据拟订的学习计划，以不同的教材、速度及时间进行学习，以适应其能力、兴趣和需要，从而发展其个性。在旧中国，少数中小学曾进行过试验。

遨游，人生游戏之乐莫过于高揽青天俯临碧海的大观了。或时遇晴朗，月明景静，双双对舞，彼此互歌，大地为歌舞场，万籁为无声调。这些艺术的练习当然不能在校内领略，必要在山水之间与男女群众共住之时才能得到。所以假期的教育应该专从这点去注意。此外，或结队探民间的情况，或聚群采集花卉与虫蝶，以及种种有益于身心的动作，如游泳乘骑等等皆可由此去学习。这样学生于假期回校后，面黑身健，用功时可以得到充分的好精神，但最要紧的则在这样的社会，过了团体的艺术生活后，于情感上自然能够充分去发展。比较今日的学生于假期内，小学生们在家内胡闹，中学大学生的则沉溺于性欲，可以说，无论上课期内如何修养得好，一到假期就不免前功尽弃。故假期内若无相当的教养法，学校里总办无多大出息。但最好的假期教育，则在以团体的艺术和兴趣的生活为达到情感的地步。为理智的研究，则在利用个别的教育，这个非在学校内行个别教育不可。但为情感与意志的发展，则在利用团体的与艺术的教育，这个必要在假期中办理才行。

说及性教育一问题，关乎人生比什么科学与艺术更大。性与情感有直接关系，而对于理智也有莫大的交连。饮食是生命的起始，性欲是生命的发展。现在许多政治家专心去讨论经济，而世界的教育家竟忘却了这个比经济更重大的性欲问题。我们教育部自然是不肯把它放过的，它聘请关于性的专家，从生理、心理、社会各方面讨论性教育的道理，举凡关于生殖器的构造、交媾的方法、受孕的理由、避孕的常识以及生殖器病的防范及升华而为文艺的象征各问题，旁及教养婴儿的方法，编成为三本教科书：一为初中，二为高中，三为大学用的课本。此外又须编些普通易晓的册子，使全社会的人皆对性有相当的知识。凡"愚才是罪"，生殖器乃人身最扼要的机关，岂可毫无讲究，以致此间变为生番的野地，一任秽芜不理遂至恶毒丛生。现在我国生殖器病蔓延甚广，重的焦头烂面，轻的尚不免滴滴横流，推原其故，皆由昧于性的知识所致。况且性教育不止在肉体与病形上的讲求，它的最重要的任务乃在考求由性所生的情感与文化的主动力在何处。所以性教育是一种必要的教育，又是极严重的教育，从初中起，应由训育主任庄重地解释给学生听，使他们知道生命的发展，在物质方面则为精液的发泄，在精神方面则为情感的升华。故与其当性欲冲动时做了手淫及嫖妓或种种不正当的交媾行为极易把身体摧残，而且物质与精神相连，精液多发泄则精神就不免于憔悴了，则不如保存精液使之转变为精神的作用。由这个大纲去解释，则学生明白性的冲动是什么一回事，就不至于做了种种的非为了，就能从此把精液变为精神的作用了。这样性教育的公开研究岂不胜于道学先生的一味不说与压抑为能事，以致少年于暗中愚昧无知地一味去乱为吗？性譬如水，你怕人沉溺么？你就告诉他水的道理与教他会游泳，则人们当暑热满身焦躁时才肯入浴，断不会在严冬寒冷投水受病，又断不会自己不识水性，就挽颈引领，闭目伸头，一直去跳水死。故要使青年不至于去跳水寻死，最好就把性教育传给他。我想这个性教育的运动极关紧要，本来就想在"北大"稍微讲演，以备学生将来在中学当教导青年之用，若有机会，我再把所教的编成为教科书再来请教吧。至于我们教育部尚有一个极重的任务，即

（4）白话文与新文化的艺术教育——总之，我们教育部所要提倡的为新文化，但新文化的工具甚多端，如演说，如演剧，如电影等等。譬如这次"五卅"的惨祸，在北京一方面仅用了几日的讲演，就能使全市民虽至车夫儿童皆知英国的凶横。又如演剧，更易于宣传，例如北京人差不多皆有戏剧上相当的知识。至于电影，我想若能使每票价便宜到几个铜子，使露天中人人得立足观览，又有精制的美片，如此当能使人人喜欢与受了无限的感动。可是一切文化的工具，莫如文字能传得久远与写得精微，而文字中尤以白话文

为最能当这个责任。白话文是最能写出人类实在的心声的,它的好处:一方面,是人人能写得出与听得懂;一方面,又能把时间性、环境性及个人性皆写得精微妙肖。它最是普通化的,又最为艺术化。最普通化,因为它是人类所要说的话,故人人能模仿得来。它又是艺术化的,因为它是人人所能做,故必有极高的天才才能做得好。譬如说话,人人皆能,但要为演说家与雄辩家须有天才才可。正因它是最普通化,所以它能为艺术化,故白话文既宜于群众的模仿,并适于天才的创造。简而言之,普通人能做白话文使它通,天才家又能使它美。若说古文,则因它是古昔死人的语气,故现在活的普通人总模仿不来,勉强模仿也苦不肖。至于一班天才勉强去学,不但不肖,而且矫揉造作,张冠李戴,必至笑话百出,丑态万端。试拿任一篇所谓有名的古文,初读下去稍觉声韵铿锵,但愈细心读下去,愈觉它的装饰与不通。但试拿一篇有名的白话文,不必说那些著名的语录与词曲，就那任何篇的《红楼梦》，初看下去觉得极平常，但愈看下去愈觉得奇妙。故可说百看不厌的，万看不倦的为白话文，仅可一读的为古文。白话文的粗浅者不免说些嘻嘻吗呢的语气，但究竟尚是生人的字句，譬如听老妈子说话虽啰唆讨厌，但尚能听得懂。至于"之乎者也"的骷髅，真要触破生人的眼帘了。因上理由，我们教育部训令各校应用白话文，其一切社会的文告，也以白话文为标准，如此使普通人能看得懂，这是一种利益；科学方面能写得出，这是第二种利益；艺术方面能写得出奇斗新，这是第三种利益。至于古文，既不能合众用，又不能为科学之需，并不能应艺术的要求，例应严重地去禁止它流通。

（附注：或说我国为单音字，故说话时须要语助以便人听，如叫桃做桃子之类，若以入文必至累赘不美，依此理由而断定我国语文势必不能一致。这个主张实无根据。我今姑举三说以破其惑。第一，凡说话与做文都是注重"句的语气"，不是以单字为主，故说话时，除指物命名外，句的缀合虽用单语不借语助也能动听，如说"我食桃"则音义俱解，无须说"我食桃子"才能明白。由此例推，凡做白话诗与白话词曲等，也能做到律诗一样——如二桃杀三士——的简洁。第二，外国拼音其进化则由复音而变为简音，我国象形，其进化则由单音而变为复音，故指一物时如不叫做桃而叫做桃子，乃是进化的趋势，因"桃子"的音义不会使人听桃作为陶、逃、淘、梼等等的误会。并且句的缀合，文的美丽，不是一定的以简单为贵，以繁重即贱。例如"二桃杀三士"未必优美于说"两个桃子杀却三位好汉"。一句话，若用最协调的音乐伴唱时，恐后句的神气活动美丽胜过前句万万。第三，做白话文不是一定要把俗语讹言一律入篇，不过把取俗语的精华为美文的材料而已。故白话文确能成美文，因其一边有生人的语气做材料，一边又能听作者自由去创造，不是如古文，一定要死板板模仿某派某派才成为大家。以上所说本无多大精彩，只因章君孤桐①一流人大放厥词，遂不免附及数语于此。若要详尽，尚待驳者有意对这问题从长讨论时，才行对付。)

白话文虽不是新文化的本身，但确是新文化的工具，所以有提倡的必要。至于新文化的本身是什么？它是有一个大体粗备的目标，不过进行上不免因时地的关系而至于取纡曲的路径，但目的确不能易，否则，就要开倒车走回头路，甚且至于陷入深渊了。至于"新"字的解释，内含有二个意义：一因旧的进行，其目的不错，我们无妨就其旧有势力使之联属递变以达到新的希望；一因旧的不好，断然把它消除，而别寻新的路径。前的譬如我国的丝业与瓷器，因旧的有它的好处，我们今后不过研究新的制造法以足成旧有的价值就够了。后的为缠足与鸦片等事，我们应把它剿灭，断不能任它去继

---

① 孤桐为章士钊的号。

续递演。至于"时代"二字原与"文化"一语的意义不相同，时代乃听诸天时的变迁，文化乃由人力认定一个目标去进行。姑让一步就以文化比时代，则新时代虽与旧时代相交连，但新时代另有它特别的情状。例如现在秋天，虽则由夏天所演变而来，但寒气侵入，确有秋的独立时代的现象，断不能说秋即是夏，除神经病外，也断无说秋天等于夏天。实在说：文化确有它独立的价值，不是必定要依人、地、时的要求。例如缠足不是文化，这不是它因为在我国为昔时人民所要求，遂说缠足为文化。凡一个文化，当有一种目标，若因人地时的束缚而不能达到，这是为时势所迫而无可奈何，不能说因无人地时，就无文化，好似说我国前时无天足的要求，遂无天足一回事同一样的荒谬。此等意义，本甚粗浅，可惜今日尚有许多人不懂！

究竟，我们的新文化运动是什么？一在铲除旧有的习惯不合于文化的意义者，如缠足、吸鸦片与许多伦理的观念等；二在将旧有的文化发扬而光大之，如丝业，如磁业，如我们温柔的民性等；三在创新天地，如遇有些必要的文化，虽我国数千年未曾有过，虽自人类以来，未曾有过，但我们不能不去提倡。我们不只要应合人地时的要求，并且要提高与创造一些虽在前此所未有的文化，以便引导人们向新的美的方向去进行。人类社会所以比禽兽高处在此，禽兽仅能适应地时的需求而已，人类则常与人地时竞争，去其旧的腐败，而求新的生机。我们教育部的目标就在奖引人类常常向新生机的方面去进行，这些新文化的运动，约略如我们本书所说的，今择其要者，一为创造许多美趣的事业，一在提倡情人制，一在以爱与美的信仰代替从前的宗教，一注全力于美治政策，一在传播公道与自由的主义（下章的意思）。简单说来，我们在引导一切人民，使它成为审美的、情感的、艺术的与智慧的好国民，这就是我们教育部对于新文化的运动所应负的独一责任。

四、游艺部

游艺部的事务本甚繁重。美的社会一切事情皆应作游艺观：社交种种是一种游艺，婚姻与交媾还是游艺，各种工程也当视为游艺去做，教育更为游艺的事情，一切组织皆以游艺为目标，而一切人生应以游艺为究竟。游艺游艺，如云腾空，如鸟翱翔，若问它们的目的，便是它们的归宿处。美哉游艺，安得世人尽如腾云飞鸟的游艺！

指导与组织种种的游艺方法，事虽繁重，归类概括，约得五项：

（1）赛会与节典、（2）儿童玩节、（3）尚武的精神、（4）智识的指导、（5）情感的发泄。

第一项的事务，为纪念庙的礼节与管理法，节日的筹备与赛会的组织，皆应由游艺部去负责经营。此项详情已在上第二章说及，现不再谈。

第二项为"儿童玩节"，关系极大，今应稍微详说如下：

儿童时候，就一面观，他们全不工作，但就别面观，人生最忙的莫过于这个时期了。他们所忙的不为金钱，不为名誉，又不是为知识，乃独一无二地为玩耍而玩耍。故在利用这个天性起见，我们主张应把现在的幼稚园及小学校一律改为"儿童玩耍场"，其中的功课仅有音乐、跳舞、图画、雕刻、唱歌、游戏、建筑等项。于公园内也应当特别为儿童筹备各种玩耍的地方与玩耍的器具，总使儿童到这些地方如成人到剧场一样的快乐。

但有一事更紧要者乃是"儿童玩节"。我意每月至少应该有一次的玩节：如正月中有一日为"逐蚩尤节"，三月为"义和团节"，五月为"国民运动节"等等。在这些节中，准许四岁以上十岁以下的男女儿童备带小木枪、假手枪、木剑、军装等。这些兵械虽打得响但打不痛。并应使儿童作种种象事的化装：如当"逐蚩尤节"，则应使他们有些扮编发磔须与凶脸的蚩尤，有些则扮黄帝及汉族强横的兵卒。各个成群排队，各队有长以任指挥。

彼此相遇时则用枪及木剑互相冲击。如一队枪剑被打落地，或被抢去，或受打痛而哭泣时，则算失败，其胜的则奏凯旋之歌。当然，相打时以手与脚部为限，不许伤及头面及阴部，这种监督的责任应由无数的特派巡警及游艺部人员为主干，其余社会的人也皆有监视与劝解的义务。如遇"义和团节"，则有些队装八国联兵，有些则扮义和团。如遇"国民运动节"则有些人扮了奇形怪状的达官大佬，有些则为学生工人的伟状，他们气昂昂手执木倭刀与假炸弹，身上藏下了一些纸头颅，如打败时则给予大官们枭首示众，打胜时的代价，则取得了官僚粉碎的骷髅。女孩与男孩一同运动，最好的则男孩任战斗队，女孩则任保卫及看护妇。那边雄赳赳如虎的奋争，这边又是娇滴滴的救护。此日情形满街中似有战事一样，处处堆满了许多头颅与骷髅，街街充满了大师兄小师弟念咒画符的神经病状，与那些醉态模样及杀人不眨眼的洋大人洋小人。总之每月中举行一次历史的著名事实与临时发生的大故的儿童玩节,惟妙惟肖地使小孩去模仿,务使他们于玩耍之余,同时并能得到种种的知识与志气及好行为。

第三项,则为尚武的精神——说及壮年的游艺于踢球、游戏及俱乐部外,成年男女都应于游泳、骑马、驾汽车、乘飞艇等等得有一件技术的优长。他们如无一样优长,就要受游艺部的责备而监督他们为强迫的学习。这些玩耍专为军国民的预备。凡每年定在冬季百事稍闲之时约二三十日聚集男女的壮年者受了军事的教练。这些平日为民兵,一朝有战争则皆能赴疆场以御外侮。军队生活确实有趣,由游艺的方法去部勒,更觉其有趣味。他们起居动作的一定次序与整齐。他们一条心与一样的行为。他们的勇气与彼此的互相亲爱。实在,军队的道德与品格,确非民人所能及。好的兵士皆是一个小英雄的神情,他们一听命令虽赴汤蹈火也毫无畏怕。他们的牺牲精神与急难的义气,都不是平常人所能为的。故美的国度其人民无论男女皆应受过军事的锻炼。但在这种新军队的生活须看做游艺一样的组织。就陆军说，他们步马炮辎重卫生队等操练，完全如游艺队一样。马队操演如赛马队的有趣，步队似游历队的探胜，炮兵如放烟火一样的美观，卫生队更有无限慈爱的精神从中表现。它如飞空艇队及海军皆当做游艺队观。他们官长，有如游艺队长的识趣，他们的兵士，即是游艺队中人的活泼而且高兴。人人是兵，人人也是游艺人，不但不会觉得如今日兵士的无聊，并且可得种种的道德与智慧的生活。

可是军队与游艺队，自然有些不相同，游艺的军队，无事时则如游艺，有事时则应以军法从事，断不能如平时游艺队的自由。但当战争往疆场时，军队尚当做游艺队观。所不同处，不过平时的军队是喜剧时的排演，战时的则如悲剧的痛快而已。

不想争人土地，掳掠人民与财宝，只愿为义气与人道及自己生存而战。这样战争何等痛快！马声嘶嘶，所要吃的为奸人肉与血！枪弹呼呼，所要穿的为恶汉头与躯！炮火连天所烧的为无人心的商店与住屋！美丽呵！一弹怎么大！打落去，满城烧得干干净净连恶种孽裔也不能存留了！如此如此！杀！杀！杀！刀在枪头，血溅面上，弹在心胸，狂疯似的杀神怒气冲天，恨气裂地！如此如此！冲锋陷阵！杀！杀！杀！如此如此！掘壕筑垒，相拒连年，继续一年！十年！百年！杀！杀！杀！半身入土，扎硬阵，打死仗，炮声震动到耳聋，火光射得人目盲！如此如此！继续地杀！杀！杀！杀得尸骸遍野！城无居人！杀得恶人毫无存留！如天之幸！杀得坏人不存！并不紧要！痛痛快快为正义、为人道、为自己生存而战，而杀人而被人杀，无论如何，总是痛快！总比被人欺负，忍气吞声，自己藏在床头郁闷而死较有千万倍的痛快！

战争确是一种游戏，自来的战争乃一班恶人的游戏，以后的战争则为一班觉悟的人的游戏。所不同处一是为欺负人而战争，一是为保护正义及保护人与己而战争罢了。故我们游艺部既视战争为悲剧的游艺,自不能不好好预备去对付。它的责任更重大的,它乃代替从前陆军部、海军部与飞空部三部的事务。因为我们美的政府看战争不过一种游戏,原用不着什么陆军部、海军部与飞空部平时专门以杀人为事那样的荒唐。它所要预备的是人民男的女的皆应有一种好身体与一种好游戏。它平时所望的在喜剧的游戏中达到人人有好身体与具有兴趣的玩耍,它固不想战争,但必要时,它知全国人民个个有充分的预备,个个跃跃要试这种悲剧的滋味。

第四项的游艺部职务,乃在指导人民怎样得到智识的普及,这个方法应于稠人广众之场,搭起许多极华丽的牌坊。每日把国民所应知道的事情绘画传声放在牌坊排演出来,如李彦青枪毙之日,应将曹政府年来的腐败情状,在满街上详详细细布景绘形。于各小街道及街口等则利用其街牌,于是日皆挂上"兔子被枪毙"的警相,而粗略陈其因由。如此,居民每日头昂昂要知道的是今日各街牌坊上挂有什么好图画。今日为"大忘八"的现形,居民料到必有某大佬的妻子跟人偷走。明日为"小滑头"的示众,知是某阔少的撞骗。后日为守财奴的上枷,证明某资本家已破产。这样的一桩一桩把当日的社会事情使人民个个有兴趣地知道是怎样一回事,这个比报纸的势力当然较易于普及。

此外,尚有第二桩事更关重要,则组织许多活动的戏剧与电影及留声机队,使他们到各地轮流去排演,每地方上应于数里之内组织一个游艺场,每年至少在此场中排演戏剧、电影、留声机共有数十次。于此数里内的人民,人人皆得免费听剧与观影。自然由此,虽属穷乡僻壤的人民也皆得到一切需要的常识与必具的情感。我常想人民不能普及识字,本不要紧,识字与知识及道德原不相干。所要的在使人民怎样于兴趣中,而能得到相当的智慧与行为。我想这个如能从我们在上头所说的去施行,自然能得到了。

第五项的游艺,乃在足成前头一切游艺的意

义，这是用游艺的方法，使情感怎样能去发泄的组织。这项本意，专在夜里做工夫。一切玩耍，通常多偏重于日间，但夜里确实比日间更好玩耍。夜气沉沉，月华阴阴，花倍美丽，叶较鲜明。大地景象格外觉得生动。恍惚"自然之母"广开慈悲心怀招了群众到伊胸前抚摩玩弄一样。故夜间游艺各种事情的组织更为游艺部所当注意的了，今举其要的为"夜花园"的设备。每地方上应有一个树木荫蔚，水声潺潺的广大夜花园。如城内不能得到这样场所，应该在城外寻觅，但求通宵交通便当就好了。例以北京城说，应指定西北山一带为夜花园，这是北山，这是白庙，这是万花山，这是碧云寺，这是香山，这是果子园，绵延递续，各有深林，各有暗谷。山顶则可摩天光，地下则可寻萤火。此处有跳舞场，彼处有咖啡馆，那边有客栈，这边有楼台。另外，各处备有许多零星的暖房以为冬天及阴天的住宿。夜静更深，花正吐香，月正亮，露正重，云已开，侬与君咖啡吸后酒态正浓，携手跳舞，舞得如蝴蝶的双飞，时时口相亲，鼻相闻，脸相贴，手相叉。舞罢余兴尚高，君呵！携侬到大地去舞罢。到那山顶树木荟郁之下，花与月影相移动。君与侬今夜就如此伴月影与花阴过了春宵一刻的好梦。舞罢，这个舞有阿拉伯的，有西班牙的、有意大利的、有非洲与澳洲式的，最通行的当然是本地方的中国式。舞罢，舞得体惰神倦了，不能再舞了。爱神含笑而去，睡神联袂而来。睡罢，一直睡到日上山尖，鸟声已盛唱了恋爱的歌曲。开眼所见的一枝一枝上跳来跳去的是那有情的比翼鸟便是昨宵侬与君的化形。

可是，请诸君不要误会我们这个夜花园，是与上海的同样龌龊肮脏，即与那伦敦、巴黎的一味如吃苦瓜一样的行乐，也大大不相同。第一，我们夜花园的目的不是为娼妓及吊膀子的生意场，乃是专为情人（或情人式的夫妻）的消遣所。第二，我们的目的是使人人得到野外生涯的乐趣。现在城乡的组织，使人一到晚上觉得如阴灵戴了惨黑黑的面具拿人去睡眠一样。如若我们去组织夜花园，使人在夜景行乐得了大大的兴味，使人所过的夜景，不会在狭窄与恶劣空气的黑房中，而在树影花阴与行云流星的旷野上，使人于爱情的发泄能扩张到天上与地下去，使花儿、月儿、树儿、云儿一同伴爱人来睡眠，使风伯雨师，露姊土妹，时来搅动侬好梦。

总之，游艺部的任务，不但要使小孩与成年得到玩耍，而且要为老人谋娱乐，它不但要使人日间得到好游艺，并且要使人夜间得到好环境。它不但要使人于游艺中得到智慧与志愿，尤其要使人得到情感有充分的发泄。此间有不夜之城，使人人弃了屋宇的龌龊而乐于到露天旷地的大舞台，举行他们种种的娱乐。放弃先前个人的苟陋，扩张成为公共的住居。把先前个人的快乐，变成为天上人间一齐的领略。这样的游艺部岂但为游艺而游艺？我们敢说，虽孔夫子后生，必说"此之游艺大有道焉在其中也"。

五、纠仪部

纠仪部的职务，积极上在制礼造乐，消极上在纠正仪节的过失。它是代替从前司法部与巡警厅的责任，但它无司法部的严酷与巡警的不情。它实在要以礼节与乐舞代法律，而以医理省刑罚，故它所管的为：

（1）礼仪司、（2）乐舞司、（3）疗过司。

现先就积极方面上说，纠仪部应请一班识礼的通人，从进化的人类心理与美善的社会基础上着想，扼要提纲，编辑一部"新礼大典"。其中并无繁文缛节，使人难行，如中国从前三跪九叩头一类的麻烦与无谓。例如我们的新婚礼上，不准新娘坐四围密封时常致闷死人的野蛮花轿，应规定以开敞的马车，无钱的以坐东洋车为主。新娘应穿改良的古装（参考我的《美的人生观》衣服一节），颜色红白听便，但不准用大巾满蒙头面，人生最快乐的为洞房花烛的日子，应当如何心花怒发，尽情领略人间的极端欢悦,新人安可不露头扬面一路受群众的欣赏呢。于婚日一早新郎应到未婚妻家行"亲迎礼"。到伊家时先向其父母和家人行三"大鞠躬"礼(我意为应分为大小二种鞠躬:大的则弯腰低头约五分钟,以示隆重,小的则如现在通常礼节用。)后当在家人前向其未婚妻行一大鞠躬礼,并应这样说:"亲爱的!我特来欢迎您和我一同过那无穷的快乐日子,我誓以诚意表示我终身对您爱慕。"新娘答如仪。略受茶点招待后,新郎骑马(这个难题恐我国现在许多娇稚新郎未尝受过温柔滋味,已被马脚踢死了。但我乃为将来社会一切人皆会骑马谈话,自然免有此弊。)跟随坐车的新娘,或左或右,或前或后,引逗得两面相笑,四眼醉迷,姤得路旁人心头热热地跳咒这对儿确实撩得人神摇心乱。到了结婚场,由证婚人三人(一由男家请的,一由女家请的,一由男女家二星期前通知纠仪部所派来参礼的)问明新人确实相爱?并请他们说明相爱的理由。必有些新郎说,我爱伊美丽、贤惠与温柔。必有些新娘说，我爱他是一个好看、聪明和识趣的男子。又必有些新人说："我爱就爱了，这是神秘呵！请您勿问，我的心情连我自己也不能分析哟。"照例，应由纠仪部所派的说："幸福的人呵，我听您们相爱的条件确实不错。请您们从此把旧有的爱慕条件，互相勉励，美中求美，又把未有的美德从新采行。"又应笑容悦色对那主张神秘的新人说："幸福的人呵，愿您们把您们所承认的神秘情爱秘密保存，免至被人窥破呵！但我们希望您们于神秘之中时时从心理上发明彼此相爱的真情。"如此礼毕，来宾赠花篮、花球及各种礼物（但禁止用金钱），新人将他们所预备的"同心影"分送各人为纪念。于是喜乐大奏大吹，新人与来宾男女成双成对跳了种种喜的 tango 舞（舞状详后，当然凡要结婚者，非晓得这种乐舞不可。此事应由乐舞司将不识这样乐舞者先行教导）。是晚不准闹房，新人应当较平时早休息。不准男人验"处女膜"（因为膜的有无，不能证明是否处女,况兼彼此既以情爱相结合,安可管对方人从前事)。另彼此新人应有相当性的知识,这项应由"教育与艺术部"执行考验之责。结婚的明日新人双双坐车或骑马到纠仪部或局、证婚人家及来宾处道谢。自后须有最少一个月做"情爱的旅行"。各处交通上及旅馆见了新婚证据应以半价相优待(当事人不惟得到假期,并且照平时支薪水)。如此使初婚之人得了无限的欢迎,与过了一个浪漫时期的生活。这样婚礼才算是合乎人情的了。

说到丧礼,不准停丧过久,约停三日须要出葬。出殡时不准露棺。赴吊之人行三大鞠礼,丧家不必举哀陪拜,准许亲友送花圈,但除贫穷丧家外,不许借此敛财。如死者确有特别功勋或毒害于社会则由纠仪部派员到场哀悼与弹劾并述其功罪。私人无特别功罪者则由纠仪部所派在各地方的礼仪司,节录其生前的事状在纪念庙前贴布。使各人身后的是非分明,免至如今日死者的子孙必定说他是好人一样的荒唐。

他如祭礼一层应分为地方公祭与家祭二项：地方祭为纪念庙礼节，则用最盛大的仪节与乐舞。每日必有一个名人的祭日，从晨七时起至八时止，在国庙的则由总统率各官吏到庙主祭，并向大家宣讲此人的历史，于此可以表示执政者的文采到何程度。如为家祭的，则由家人行三大鞠躬后（不准拜跪）宣读先人生前的事迹（好坏勿忌）。在纪念庙则用大乐队与大舞队，每队各以三百人组成。家祭不准用大的乐舞队，仅许用十人组成的小乐队与小舞队。

此外，比较上头所说的礼更为普通者则为普通应酬的仪节，此中可分为饮食、谈话、相见及其他等项。饮食礼节，先须"分食"，即菜料无妨盛在公共碗碟，但每人须具有二份食具，认定一份特为到公共碗碟取食料之用（凡家人有疾病者也应实行此法。不但病人免传染他人而他人也免再加给病人别种疾病）。饮食不能有声（中人食粥及饮汤时若有五人以上其声可闻数十步如鸭泗水时一样）。不能开口咀嚼，即于食物入嘴后须紧闭口，免使人看见口内烂腐的丑状。不准骨头丢地，须放在自己碗中待佣人倒去。不准剩存余物于自己的碗内，这个凡遇举箸提匙时不必取物太多，若味合的才多取，不合的则应取物极少，自然较易于勉强入口。不准放屁，本来凡遇有人时总须避到大便所放屁，于礼才合。但放屁中的最可恶处，则在食时的轰击使人敛气不得，仅好把屁味同食物一同咽下，这是何等残忍！不准吐痰，理由同上，痰比屁难闻又难看，并且传招各种病，故比屁更当预防与自重。痰盂不准放在食厅，只好放在小便处。最好，痰与鼻涕口水，当用布巾或纸巾拭后放入暗袋。客来仅敬茶水，不备烟酒。雅致之家可烧盘香代纸烟，暑天可用汽水，冬天可用咖啡当酒。我想这个代替极关重要。烟酒为害极大，而且花费。除在特定节日时许用外，纠仪部应严行取缔。若使各饭馆茶室烧了极好的盘香，则人的鼻口已感痛快，如此不用多费而已得到嗜好的满足。至于酒的代替物，则为汽水与咖啡，暑天既得汽水的凉爽，冬时可得咖啡的滋养与兴奋，如此代替不但无害而且有利了。

于饮食礼节外，更须兼及于谈话。凡无论对待何人遇有要求时应说"请"。如说"请你给我泡茶"，虽对自己佣人也当如此。当所请的事做完后应说"谢"。称男为先生，女未嫁的为女士，已嫁的为夫人，老爷太太的称谓应当废除。对较熟的则称为"你"，自称为"我"。不许用那些卑鄙龌龊的代名，如鄙人、仆、妾等。说话应当高低得宜，不准如官僚一样的对待下属则厉声厉色，若对待上司则卑词鄙音。凡要说的当痛痛快快直陈无隐，不可吞吞吐吐使人讨厌。

相见的礼节，对长辈则用大鞠躬，长辈答如仪。平辈则用小鞠躬，答者如礼。在私居时，客来出门接，客去送到门外。在办公地方则迎送皆以自己办公房的门户为限。在路相遇时则互相点头或脱帽，或举手到帽檐作军礼状，彼此皆以笑脸相向。遇面时各以时候须请早安，或午安，或晚安。男遇女，男先说；晚辈遇长辈，晚辈先说；子女向父母先说，答者如仪。亲吻礼除夫妻情人外，应废除。握手可通用，但如手有传染病时须穿手套。坐车及一切事故，强壮者须让衰弱者有座位及种种便宜。路遇行人有危难，虽不相识应有救助的义务。

请客之礼除特别宴会外，平常交酬须夫妇同请，自己有妻的当出招待。这层为今日我国社交最关紧要的问题之一。现在一班主张一夫一妻制者，其实他们乃是"有夫无妻制"的代表人。他们男人日日自己跑街赴宴，但他的妻永未尝被人请过。他时时设法以酒食结纳要人，而不许其妻一同具名出头。我尝说这班男子实行"老婆老妈子化"主义者，他看他的老婆，不过家内一种老妈子，充其量当老妈子头而已。故今后如有妻的人，若请他不并请其妻便为失礼，被请了而不肯同其妻外出也算失礼。若其妻自己不愿应请，自当别论。但请他人夫妇同宴者，自己有妻不肯出为招待，算为失礼。如妻有事故不能预会，自应别论，但最好就不应请人，须待其妻能招待时才举行。

啰啰唆唆，说了不少的礼节，未免使人讨厌。可是本部职有专司，自不能不把礼节的大纲列出。其中自然有些保存古礼的，如亲迎一节为我最赏识者故特为保留。此外极多采取欧美现行的礼节，这虽是外来货，但确有可取，自当不以外货而鄙视。至于我国古礼中尚有"冠笄二礼"，应采其意而别行编制者，如把男女冠笄之年延长，定男子到了二十五岁女子十八岁时，则各于左奶部的服装上缀一花形以表示男女已届可以交媾之期。每年于初春元日在纪念庙举行冠笄的盛典。此外尚有军礼一项应由游艺部特制，不再附及。至于各种运动与竞赛较武等事，因其易引起对手人的仇雠，也应特编礼典以防误会。

可是礼的真义是情感的，苟无情感，则一切礼节皆变成为机械的死板无聊。故我们于礼之外而再求乐与歌和舞以助情感的发展,如此一边有礼节为规矩,而一边又有乐与歌和舞可以放纵,礼与乐与歌与舞相调和,人类始能达到于风流跌宕之中而有雍容不迫的气象。究竟这种乐歌舞是什么,这为乐舞司的专职了。

音乐一项,其理甚微,不能在此说明,而且在这个旧乐已崩新乐未生的社会,实在极难说得使人明白,现在惟有从大纲处谈一谈。凡乐一面在使死的礼节得到活动的趣味,故凡有一种礼节,就应有一种音乐去配它。礼有婚、丧、祭、应酬等项,所以乐也当有婚、丧、祭、应酬等的分别。婚乐当然取其温柔缠绵使听者觉得春情无限尽付与音韵和谐之中。丧乐必要悲哀悱恻使人生了无限的感慨与坠落了多少的泪涟。祭乐不必悲,也不必喜,仅能逗出对于死者的哀思与对于生者的希望就够了。普通应酬之乐,有悲的如孤雁啼猿叫得人肠百回转,有喜的，喜得人满面春风笑融融。总之，音乐不论悲与喜，当有乐理为根底，使人得了高尚缠绵的情操，既不可如郑卫之音靡靡然使人肉麻，也不可如大锣大鼓的一味轰破耳膜的野蛮遗音。

乐的第二层作用处是由它产出了各种歌曲。现时我国社会几无一个较有系统的唱歌。学校所用的各个不同，我曾与大学生十几人围坐长城的败堞上，一时彼此高兴想唱歌以发泄，但如某歌为一二人所晓唱的他人则不晓得，历试各歌无论如何终不能得到彼此共同的圆满，虽至于"国歌"也不能人人能唱。由此使我回想从伦敦回来时，在船上有英国人二十余，各种职业不齐，有的系裁衣匠，有的系到南洋当牧人，当然他们无我们大学生的程度，但他们聚起来唱歌，大概有十几种，为人人所能唱。每当狂风激浪之夕，或蓝天白日之晨，群集而歌，彼此融融泄泄，时则慷慨悲歌，同仇敌忾，时则婉转缠绵若不胜情。

由此一行比较，英人唱歌的教育确比我人的高。这个不是小事，凡国民的灵魂与情感，常借歌曲为依托与团结。故我们乐舞司必要制定"国民须知"的歌谱约五十种，有的是为人道的如《国际歌》、《国歌》、《纪念歌》等，有的为英雄歌如《中国男儿歌》（图10）之类，有的为儿女情歌，或则为各种知识之歌，如天文歌，如地理歌，如物理化学的定则，生物与社会的组织皆应谱为美丽的歌曲，或则为各种舞歌，使凡入小学者皆能随口成诵，由此可以得到外物的知识与团体的情感。中学生则应熟习较深较多的歌曲，大约有百种之间。大学生最少须知二百种深微的乐歌。以后如要考验一人的程度，就听他所唱的歌，务使一个社会变成为歌国，人民变成为歌人，习俗濡染于这种高尚情操的歌风，哪怕社会不会无美俗了。

中　国　男　儿

1895 年中国陆军军歌

$1=F \dfrac{2}{4}$

```
5  5 | 5. 5 | 5 6  4 5  3 | 1 0 | 2  2 |
中  国   男  儿， 中  国   男  儿， 要  将
```
```
2. 2 | 2 3  1 2  5 | 0 ‖: 5  5 | 5. 5 |
只 手   撑  天   空。       睡 狮   千 年，
                      中  国   男  儿，
```
```
5 6  4 5  3 | 1 0 | 2  2 | 2. 2 | 2 3  1 2 |
睡 狮   千 年， 一 夫   振  臂    万  夫
中  国   男  儿， 要 将   只  手    撑  天
```

mp

```
5. 0 | 6 6  5 5 | 1 1  6 6 | 2 2  1 1 | 3 3  2 2 |
雄。   长 江   大 河， 亚 洲   之 东， 峨 峨   昆 仑， 翼 翼   长 城，
空。   我 有   宝 刀， 慷 慨   从 戎， 击 楫   中 流， 泱 泱   大 风，
```
```
5 5  6 6 | 3 3  5 5 | 2 2  3 3 | 1 1  2 0 | 6 6  5 5 |
天 府   之 国， 取 多   用 宏， 黄 帝   之 胄   神 明   种， 风 虎   云 龙，
决 胜   疆 场， 气 贯   长 虹， 古 今   多 少   奇 丈   夫， 碎 首   黄 尘，
```

　　　　　　　　　　　　　　1　　　　　　　　渐慢　2
```
1 1  3 3 | 2. 1 | 2. 1 | 2 3  1 0 :‖ 2. 1 | 2. 1 | 2 5  1 ‖
万 国   来 同， 天 之   骄 子   吾 纵   横。   至 今   热 血   犹 殷   红！
燕 然   勒 功，
```

图 10

其三为乐和歌与舞的关系。乐歌舞，本可各个独立，但彼此能合一气更觉能撩动人的心情。舞时无歌已成"哑舞"，若无音乐更成"苦舞"，故舞须有乐，这个在欧美社会上尚能得到，至于舞兼要歌，除剧场外则极难得到了。我们乐舞司当于此层大注意，务使普通社交上皆能得到乐歌舞一气之用。又它所注重的舞，为各种tango舞。这些舞极有趣味，而最能表得出情容。若为喜的tango舞，最好为婚姻及玩耍的时节才用。当舞时，舞男有把舞女一脚提起到私处微微掠开，又将嘴儿作势似要去相亲一样。有的，舞女头伏男阴醉态模糊。或则彼此口将近而忽离，情愈挑而兴愈旺。或则男抱女身，女绕男颈，如蝶戏花，似鸟依人。读者必说这样"淫舞"不如勿舞。但我则说要舞就须"痛舞"。况且这个不是淫舞的，巴黎学生区的舞台常常出演哪。虽此种舞，不能与不相识之人实行，但既为情人，或是夫妻，或为好友，大家就无妨一同戏玩又何须什么顾与忌？但我也知现在社会不能通用这个"洋舞"的,故须待到情人社会实现时才去施行,有道学癖者请放心些,你们总不会得到这样"眼福"也。我今再说悲的 tango 舞吧,则见蓬头抢地,凶睛射天,双拳击柱,一声声痛叫得哀哀要绝,两眶泪频挥而不干,男比霸王更叱咤,女如虞兮较娇啼。这种歌舞适用于悲惨时代,如"五卅"之变,庚子之乱,或则父母逝亡,亲友沦丧,人情到此发于自然的呼号,而以 tango 舞的悲态表出之确能得到淋漓尽致的痛快。此外,团体舞,也当极力提倡。儿童舞更不可少。幼稚园及小学学习儿童舞。中学学习普通舞及团体舞。大学应学习悲欢二种的 tango 舞,这是教育与艺术部的课程。喜节用喜舞,悲日用悲舞,儿童用儿童舞,有时则规定为团体舞及普通舞,这是纠仪部对于人民所组织的舞台的执行。

以上礼节与乐歌舞各项的大纲已编制好了。那么,纠仪部对于人民的责任,就在提倡去实行与监督他们的越轨。他们派出了许多纠仪员到街市去,到剧台去，舞台去，酒馆茶楼，私家宴会，时常也有他们的踪迹。常常在街上见到纠仪员干涉行人的吐痰与衣服的不整，如今日巡警干涉车夫不穿上衣一样。时常听纠仪员抱怨某人跳舞不好，某项乐队不佳，若他们不改善，恐难免于干涉等等的论调。若使他们遇到现时北京出丧所雇的乐队常常奏了玩耍的乐音自然要带这些乐队到司责备了。可是他们当然比巡警程度万倍高。他们皆是礼仪司特办的专门学校毕业的。他们熟知礼典，精通歌舞与音乐。他们穿极整洁的礼服与礼帽。他们手所执的不是警棍与枪刀，乃是一面最精良的"折镜"，凡犯礼与乱乐者，就把折镜照他形状，使犯人知自己的丑陋与行为的错失。（或问这样折镜如何构造，恐是著者的胡诌。我答你未看过这样折镜，安知我的胡诌。其他问难皆如此答，呵呵！）

凡被纠仪员带司告诫或惩办者，大概为三种人，一为不知礼乐与歌舞者，由疗过司带其到礼仪司或乐舞司再学好后始放出。一为由于身体有病而犯罪者，如某人今日无食偷人面包，则由疗治司考查，如他不能得到工作致无生活之费，则应通知国势部筹备补救之法，而多给予生活费后放之自由。如他偷惰不肯工作，则应注射"不惰浆"使他兴奋去谋生。如他有疾病不能工作，则由医生疗治好后放出。又如有一个女子犯色狂罪，则由医生验明伊的病源，如大阴唇作怪，则即割去就能变成为常态了。其他种种罪人皆可用治病法去救治，自然由此无须用别种刑法了。其第三种的犯罪者则为神经病，应由神经医生治疗之。如路遇一人面青眼乱，因为一个铜子至于打伤车夫，则应由神经医生查察他神经确实过于刺激，应令静养安好始许出外。又如因故杀人，更当由医生研究什么神经病，从速医好后，特别再给予数年相当的礼乐歌舞的练习，又须查其性情确已移化，然后准他自由，另须终身受纠仪员特别的监视。若杀人犯的神经病过重，已无疗愈的希望者，则应当犯人熟睡时用电击死。总使死者免受一毫的精神与肉体的痛苦为主。现在各国所用死刑的方法极其野蛮，而我国的割头示众，或游街后枪毙等等更是野蛮的野蛮。禽兽的野蛮尚不会如此残忍对待其同类。同是人，你有什么资格去杀他。你所恃的不过权力与法律而已。以权力杀人当然是野蛮之尤。以法律杀人也未见得文明。且他犯死罪，杀他罢了，何必斩首示众，血流满地？他杀人已不该，你杀他就算该么？至于平时不能使人民良善，而以尸首吓人望他不为非，则更为无理之尤，野蛮之尤，胡闹之尤了！

总之，法律可以废止。现在的法律当然是一班权力者的"好家伙"，即将来由一班法律家本自然的定则以立律，也无多大的价值。因为立法纵平，而执法者终不是天帝。换句话说，终不能大公无私而不免于舞弊，那么法虽良而究竟终不能得到好结果。可是，我们不是无政府的。我们虽主张"毁法"，但望以礼节与乐歌舞的规则代替它。换句话说，我们不主张法治，但主张"美治"。我们所编制那部"新礼大典"就是先前法治国家的"六法大全"。我们慈善的医生，就是代替他们黑暗的监吏与残暴的刽子手。我们知道人的犯罪，必有一定的因由，或由于社会环境的胁迫，或由于自己的身体及精神上的变态。我们知人不能杀人，禁人，仅能帮助人，疗治人。我们美的国家并无监狱，只有病院，并无杀头刀，只有提琴，并无子弹只有药丸。我们在引导罪人变成好人，好似医生救治病人变成好人一样。我们如遇大病不能医治者，只有呼天叹息无可奈何，仅使他不觉痛苦而终，但不愿如今日的法官与监吏，既苛待了犯人的身体并残贼他的灵魂。我们知人的变态如常人不能无病一样的普通，遇有罪者，仅求于变态时期免出外伤人与自残就是了，但不能如今日的制度，把一个仅一分的恶人，禁到他变成十分恶人那样的残忍，又常把一时的错失，而必使他成为终身不能改过的罪犯那样荒唐。重说一遍，法律应该废除的，它是强有力者的私造品而又是一切罪恶的根源。新的礼乐与歌舞，应当代替法律而兴起的，这是能使人们得到乐与歌舞的尽情而又得到礼节的规矩。人人尽情与守礼，自然不会犯罪了。至于在礼乐之外而犯罪必由社会的迫害与自己身心的变态。前的救济，待我们在下章去讨论，后的救济，全由医学去治疗，这是纠仪部内特设疗过司的用意，请你们美的国民同意通过吧！

六、交际部

这部有对内对外二种职务：对内的则在谋社会交际的便利与兴趣。由交际部规定每年几个日子为"交友节"。如阳历的正月一日、三月三日、九月九日、十二月十二日之类。于各处筹备许多"交友节"的场所，若在三月三日及九月九日并应在水边及高山之上广设会场，以便修禊与登高者的憩息。各场内盛备茶点及各种游艺之具，又特派出许多女交际员随场招待，并应利用其科学和艺术的眼光与手段，审视谁与谁最相宜为朋友，然后诚恳诚敬地为之介绍。例如见了一位红颜娇羞的女郎，芳龄二八，秀外慧中，则为伊介绍了一位气象雍容、温存尔雅的书生。如见一位高大身材举止粗莽的男子则为他介绍一位浓眉阔嘴的强壮妇人。若他是厨夫么？则寻一位打杂妇为他伴侣。假使伊是老妈子，则应找一年纪身材相当的听差。如此结交就免生小姐拉车夫，听差交太太，那样不相配了。（我尝与一贵夫人辩，伊说某女子如由伊所爱的学生变迁去爱车夫，这尚可恕，但伊所变迁的乃比学生的地位更高的人，所以不服输，这个确实有些道理。但我所立点处是以才能人格均为标准，不是以地位为定点，假使车夫及听差有相当的程度，则小姐太太们恋爱他也是进步。假使老爷大人们无程度，则小姐太太们去嫁他当然算是堕落。但我想今日的车夫听差们总比学生教授程度低，所以我许人从恋爱车夫听差的变为恋爱学生教授，若从相反方面的变迁，我大概不赞成，这或是我的阶级观念太深呵！）

此外，并应为人介绍年龄、职业、才能相当的同性朋友，庶免使人有滥交恶伴的毛病。总之，当由此养成社会喜欢交游的风俗，务使在"交友节"每人至少得了一位新的异性及一位新的同性朋友，如不能得到，则群以为羞。平时已经纳交的友人，应于交友节互送礼物，如不依礼，就视为绝交的表示，由此办去，交友节不但使人得了新友，并可由此对旧友时时增了许多的情谊。我国人交友最不看重交换情感的形式，每每隔数十年不通音问，以致使对手人不知是友是仇或是路人。至于势利之徒反得借此招摇，有些朋友已经意见变为仇敌，如一是照旧主张革命，一已变节为政客，但后人因为前人的名气可以吓人，每每说是他的兄弟，这样的朋友实在危险！故最好由交友节的表示，可以证明各人对于友人的意见，如经过几次不送礼节，便是证明对他不肯继续视为友人，若对手人反在外招摇，则可由其本人，或其亲友攻击他，如此交友之道既有所标准，当然不会滥交以受人累，而被弃者也自然不敢再引些阔人为重以乱人听。是友是仇，界限分明，省却多少麻烦，免了多少误会。而所交者，必要程度相当，事业相似，自然不会有今日的"势利交"种种弊端了。

凡遇交友节，应由交际部请邮局对于为交换情感的不封信件，图书明信片，及各种礼物等应该免费输送。并于是日在"交友节"场内预备许多酒席，以备有意结交之人到场抽彩，遇有八人得票者就开一桌为他们祝福。儿童也可参与，但由交际员特别介绍相当的年龄为"小朋友"，其桌席也以儿童为限。如此办去，老的少的，男的女的，皆愿到场与人证交，这样不知不觉中就能引导社会的人皆成为朋友一样的亲热了。

可是，交际部的希望不但在使同一社会的人皆成朋友，它的责任更有比此重大者则在达到全地球的民族皆成朋友，这就是它对外独一的方针。依此宗旨做去，消极上可以免有了今日外交部的一味阴险欺骗为能事，积极上可以得到国际彼此的了解。我今来说怎样使地球的民族皆成朋友。

凡所派的大使、公使、领事及外交一切的人员，皆以美丽、有情感及才能的女子为合格。伊们外交独一的手段，以"情感的交际"为主，对于社会及政治的运动一以情感为依归。伊们的职务有四：第一，怎样使所派地的社会的人对伊起了同情；第二，怎样使自国与所派地的社会家、思想家及政治家等，得到情感的交孚；第三，任各种情感宣传之责；第四，提倡本国人民在其所派地结婚的事宜。由这四个新的外交方法，自然可以得到人类真正的了解而免先前一切外交上的误会了。今应逐节稍为说明于下以便为新外交的方针。

第一，外交官要使所派地的社会对他起了同情，则最要紧的不可以官僚自居，而当多多出外与社会相交际。尤其是凡对于其地的慈善事业应该努力帮助，故可以说，从前的外交官是"商务官"，今日的为"政治官"，将来我们的为"慈善官"，伊们有的是金钱可以救济难民与建设许多慈善事业。若无金钱的外交家，只要伊们有的是良心与情感，自然可以宽慰许多穷苦的人民了。我国古时的外交，也有以"救灾恤邻，国之福也"为号召。虽在今日一地方上遇有灾难，各国代表例有救助之义。可惜，这些皆是表面的文章，我们今后所望的，实实在在看邻国的祸难如自己所罹的一样，本其披发往救的热诚，不为虚文所拘泥，这才能使被慰者生出感激的心怀呢。

另外，外交官要使所派地的社会对他起了同情，则最好的应多向其群众方面尽力活动。故外交署馆应该变为所派地的群众机关，遇必要时，或明助或暗帮就为群众努力做事。苟为正义而争，如遇革命军起时，则宁可碎身粉骨与所派地的恶政府反抗，不必顾及于国交的危险。总之，凡外交官对于所派地当视为自己的国土一样，而对其人民当看做自己的人民，痛痒既如此相关，自然可以得到彼此间情感的融洽了。

第二，外交官怎样使自国与所派地的社会家、思想家及政治家等得到情感的交孚？我想最要紧的则用种种方法使两国这些人物互相到其国考察、讲演与探问。现时的外交家乃一种变形的侦探。他对于政治、军事、经济等等常用秘密的侦查以报告本国。我们今后的女外交家断不肯做这样凶恶的行为了。伊所要报告的为自国及所派地的思想、技能及情感。伊所介绍而来的即这些的宣传人。伊所介绍而去的也即是这些的宣传人。人民代表的互派,学者的往来,社会家的彼此热烈欢迎与招待,使这些"上流人"互相了解,各视友国的利害,便是本国的利害,换句话说,他们视友国即是自己的第二母国,那么自然用不着什么捭阖的外交手段,与翻手为云、覆手为雨的那样心思去毒害邻国了。

第三,我们的女外交家最重大的职务为对于各种情感尽宣传之责。伊们是精神的使者。伊们有一个,也只有一个的口号:"各地方有情感的人们聚合起来吧!"凡伊所能宣传的地方,如借慈善的事情及公众运动的场所与那报纸、电影、演说等,皆以这个情感的主义相号召。遇关系国有一件重大的事件发生，伊们总是大声疾呼彼此以情感相了解，提倡彼此应该互相退让，彼此应以朋友相对待不当以仇敌相疑猜。伊们详细地向其人民解释：若诉诸战争无论胜败都要吃亏，不如彼此以互让的心情，忍些气，认些错，横竖将来总有了解的一日，则纵有理而认错，自然受了他人相当的尊敬。总之，今后我们"第五国际"的作战方略是"有情者与无情的宣战"，这也是一种阶级的战争，但比马克思主义的贫富阶级战争，其范围较宽，其效力较大。我们不管贫富与否，只问他们有无情感。凡有情感的虽富人也是我们的朋友。凡无情感的虽贫穷也是我们的仇敌。我们知资产确是社会的制度所造成，我们不必向富人仇恨，只把社会的组织一改，富人的阶级就推倒了（参看下章）。但现在的富人苟具有情感者，断不肯坐视万金家产腐朽于败囊破箧之中，而对许多贫无立锥的人民漠然不肯一援手。我们所爱的就是一班富户，虽受社会的制度所造成，但肯出钱去赎过，并且他们所出的钱不是做收买人心的手段，乃为本于良心的冲动。假设有这样富而仁的人，我们何必去摧残他呢。至于一班贫穷的人，我们也极原谅他们的衣食不足，教育不完，遂致时时不免凶狠鲁莽。但苟其人有慈爱之情，哪管他是盗贼，我们也当爱他。若无情感的破落户，他们只知一味借"无产阶级"的头衔，行了他们中饱欺人的实态。这些人，我们安能因他的贫穷遂认为同道吗？总之，我们今后的旗帜是以情感为基础。我们聚集这些有情感之人不论他是富的、贫的、贤的、愚的、高的、低的、男的、女的、白种的、黑族、红棕色的，皆应同隶在这个旗帜之下与那无情感的，虽是父母、兄弟、姊妹、族人、朋友、亲戚、同乡人、同国人宣战。"各地方有情感的人们聚合起来吧！数千年来的社会，皆是一班无情感的人做了我们的统治者，致成法律不平等、经济不平均、教育不普及、情感不交孚！各地方有情感的人们聚合起来吧！我们应有这样阶级的觉悟！我们有情感者应当联合为一线，打倒那无情感的政府与其人民！各地方有情感的人们万岁万万岁！"这是一种宣言，系草于公元一九二五年十月一日成立于什刹海的一隅，起草者是预备做美的社会组织法的顾问张竞生，赞成者有他的伴侣与十个月大的小孩。万岁万万岁有情感的人们！这是预备将来"第五国际"的女外交家向全球全民宣传的底稿。

第四，我们的女外交官为实行这个情感的宣传，一面，伊们有一个决心去与所派地的人结婚。但最慧敏的仅许做情人而不愿为人的妻。一个这样的女子，能使伊所派地的政府个个总长以为爱他而不恋爱他人。被伊请来同桌的，个个觉得仅有他受了特遇，个个满足，并无一个失意而去。这样才能确实为女子特长的交际手段，所以我们主张惟有女子才能胜当外交家的责任。若男子的牛性猪气。动不动就要得罪人。故使他们当外交家，弱国的则一屁不敢放，仅会阴险欺骗；强国的则只会下旗归国派舰轰击相威吓。这些过亢过卑的手段，确实是男子做外交家的劣败证据。男子本来生成这样卑鄙及鲁莽的性质，他们坠地时就无交际才，不幸由男子中心社会的荫庇遂得拥节出使，至于闹出了数千年来的外交许多罪恶荒谬的史迹。其实男子岂但性质恶劣，不堪为外交家，就他所最夸的重理性与善经济说，更足证明他们无外交官的资格。因为他们太偏重理性了，故缺乏了情感，遂每每因一支国旗被人打倒就要召兵开仗。因为他们太看重金钱了，故缺少了牺牲的精神，不见英国外交官因拥护鸦片的利益遂把我们数十年来几千万的人民毒死吗？若使具有情感与富于牺牲的女子当外交的重任，则打倒一支国旗算什么事。打倒若有因由的，则应彼此和解。打倒如无因由的，则只付诸一笑好似风刮去一样。总之，伊们总能使大事化小，小事化无。总不肯如今日的男外交家，开口合口说什么国家尊严，主权勿失。实则他们仅会保重这个玄学的抽象的国家一个空名字，而不顾及常因这些虚面子致打死了几千万人，坏了几千万房子，饿死了无穷数的老幼，摧残了多少的学术。但这些他们全不管的，以致古今许多的怪象常常被外交家所演出来了。若使有情感的女子们去做外交家，伊们是有情感的理性者断不会生出那些怪现象。伊们是两造的和事老，这边认错，那边作揖，这边说硬，那边说软，这边讨情，那边乞谅，凡虽有严重事件，经过这样的爱神三番五次地吹嘘就都变化为云消雾散了。爱的女神呵，你们自然以金钱为轻，情爱为重的。你们不愿本国有益而加害于他人，你们遇有利益大家享时才肯去做的。

伊们自己是爱神了，伊们更当推广其爱到全人间去。故其终末而且重要的责任就在使本国的人民得与所派地的人民互相婚姻。伊们时常开跳舞会使两国人民互相认识。伊们时常调查彼此人民的性情才能等相近者为之介绍成为情人或为夫妇。伊们不愿如欧战时，巴黎的中国公使馆承了法国内务部之命摧残华工与法妇结婚的便利。伊们不愿如今日的美国尚有什么唐人街的存留。伊们的责任在使本国人民与所派地的人民互相"混化"。不错，是混化不是同化，就是使他们不是把中国同化于人，也不是使人同化于我，乃使我与人互相混合起来，使我中有人，人中有我，我我人人分析不清，迨及子子孙孙更不能分得清楚。这些子孙的祖家有中国的，有波兰的，有英日美德的，有马来的，有黑族的。他们确实混化起来，他们辨别不出哪一国是"祖国"，哪一种文化是自己的文化。各地皆是他们的祖国。各种文化皆与他们有关系。似这样的人民尚有什么不相了解么？尚有因国家的观念而打战么？故我们的外交家，不但在使全地球的人皆成朋友，并且使四海之内皆成同胞。必要待到这二个目的达到，我们的外交家才算称职。

由上说来，交际部的职任对内对外皆以情感的交际为宗旨了。它所派出的外交官也可称为交际官，一切职守皆以交际为范围，关于商务及政治等事不过为附属的条件而已。我们的外交官称职不称职，全视伊们受了所派地的人民欢迎不欢迎。由此大纲为标准，故各国所派来的外交官也以女子及能否得到我国人民的情感为标准。如伊们到我国来，一切行为不以情感、慈善及互相帮助为依归，我们就不能承认了。总之，我们的交际部所派出的交际员与外交官皆是一班娇滴滴及聪敏的女子，当然不会如今日三寸丁那样丑公使的辱没人。我们所受的也是一班慈爱温和智慧双全的女外国代表，当然不会如今日所见那些磔须狐脸，满眼包藏了无穷的狡猾与凶狠，开口就说什么强权那样糊涂汉。这样的交际部才可算是美的政府的机关呢。

七、实业与理财部

自来中外的理财家重在收税而忽略于自己生利的方法。我们美的理财法与此大大不相同。它第一宣布一概口岸皆为自由港并无关税的征收。它第二豁免内地一切的厘金，任凭外商来竞争，与任凭内商的努力。竞争与努力，其结果必定使商务繁兴与农工的振作。可是，它自有生财的方法与限制私家资本的膨胀。因为它是从实业中谋理财，故财不但

得到充足,而且实业得到大发展,并且使大地皆成为美丽的色彩。我们今先说:

(1)美的农业的经营是什么一回事吧。于每地方上,由部经理许多极大的农事场、林场、牧畜场、水产场与园艺场。这些场的作用,一在得到公家的出息,二在指导人民得到最好的收成,三在使大地变成为美丽的局面。以农场说,在一定区域内,由它专利发售各种农具、种子与肥料。这些农具是自己制造的,种子是自己收成的,肥料也是自己发明的,如此种种的利益已是极大了。况兼有林场的树苗与木料的出息。况兼又有牧畜场可以卖畜种和家生的禽兽与售牛乳,并卖马和管理兽医。此外,又有水产场,其利益又更大了,它有渔盐莫大的利源。再加之园艺的出产,既可以卖果树果实与花种花卉,并可以售蚕种与蜂窝。这些利源准够政府一部分的使用了。不见北京农商部仅靠一个中央农事试验场的出息已足接济好些部费了。

可是,政府方面所得的利益还在其次,最要紧的，人民于此得到种子、肥料及种植培养种种的好指导，则其利益更无穷大了。实则，美的农业的希望岂但如此，它于一定区域内规定人民仅能种某种物，养何种畜，培植何种林木，栽治何种花卉与果实。此地是宜于种桑养蚕的，则就限制人民仅能种桑养蚕。那边仅准种柑，第三地方只许养花卉。东边可以蓄蜂，西池可以养鱼，南北一隅不准于种稻麦外别有经营，诸如此类的限制，既可以使农民互相得到帮助的利益，并且可以得到美丽的观瞻。以实利说，譬如某地极宜蚕业，苟一家单独经营，或一年多蚕而少叶，其蚕必致于饿死。或一年叶多而蚕少，则叶未免于弃置。到底来，终不能得到蚕丝的好收成。若于此地同营一业，则东家叶子多余，可以补助西家蚕子的食料。甲处蚕子稀微则可向乙处收买。此外，机器互相假借，人力互相帮忙。偶逢蠹虫侵害，则彼此利害相关，大家必肯齐心驱除，当然较比一家单身匹马为有效力。其次，由这样的指定，则农家不能因厚利而种有害于民生的物品，如今日我国满地种罂粟，更把五谷抛却，遂生出了烟土堆积而粮米空虚的怪现象！

若以美趣方面说，限制作业，更为必要的政策。这地通通是稻田，则所见的如江南一幅好画图。田里蛙声处处叫，一套无穷尽的绿袍，满满盖住了大地的身子，夏风吹来，秀苗油油然如长袖的善舞。说到北方的麦原更加兴趣了。举目一望，远连天际，麦穗作金黄色，夏日的烈光照去，越显得娇媚有姿致，一到晚景被熏风荡得如黄海金波一样的离披。这个麦海的美丽，另有它一种海景的奇观，凡尝领略这个情景者看此当与著者此时同有一样回想的无限滋味。我笔写到此，我神已驰到这个麦海和凉风相摇动了！我回想海水的寒冷无情，我愈觉得麦海的穗波热热地有生气。我回想大洋的狂浪振荡得我脑乱神昏，我愈爱慕谷海的安静慈祥令人可亲。我如要自尽吗？我就去跳入这个生命的海中与谷神相拥抱而归化于大地之母亲的怀内。美的政府呵！你们最大的责任，就在安排全大地皆为人民生存的安乐窝。并使这个大地为果子园，这是一带遥遥的柑圃橘场，那是柚地和苹果所果实累累，枝叶垂垂，中有无限的蜂蝶如闹官衙如戏彩棚。再越界而凭眺，池塘鱼跃，野草雉鸣，更兼有菊畦与牡丹台一排一排地如丛云的返照，其上有飞禽的遨翔，底下有走兽的驰突。大地如此变成为公园，为公囿，为花圃，为鸟笼，为蝴蝶的家乡，为云儿的福地，五彩辉煌千形万象，花红柳绿，鸟鸣兽号，平原有一片一片的美丽地毯，高山有一丛一丛的瑰异围屏。春气融融，绿畴酥软，夏日照高林作赤血色，射出了万道的金光，秋月晶莹洗得满地干净，冬雪挂树枝，冰冷的地皮上有洁白的银幕，大地如此又一变而成为美人的怀春与壮士的悲秋了。实在说来，必要这样美丽去安排，才能对得住白然之母的神情和风韵，伊一个赤裸裸的身材，全凭人去怎样修饰，就变成了怎样形状。又使人怎样尽力去修饰，伊也就怎样去报酬他。故把伊弄得好看了，同时也得到伊种种的好处，美与利益，一举双收，人们对于农事必看各种美的工作做一种实利，然后才得到了农家的三昧。

（2）我们既于大地上装饰了无限的美观，又当使大地的物件变成为极美丽的效用，此层应当特别从工业入手了。由"实业与理财部"在各地设立种种的工厂，而使一切工人在工厂内得到种种的乐趣，当做工时好似在剧场看戏一样的快乐。这要把工厂建筑得极美丽极卫生与合用。工厂内五光十彩的是时时刻刻变幻的光线。千韵万籁的是回回次次更换的声调。把所有轧轧单调的机声，用法使它消灭，而代了彼此工人的情话喁喁。工人所做工的时间每日四时为最多。每年仅做三个月的"官工"。但无论何人皆当就其才能，每年为公服务三个月的工作，如此人人有工作，则各人三个月的每日四点工作尽够社会充足的应用了。

至其出品，当分为二项：一为需要品，则用机器，务使用最好的科学方法使其效率最大，出物最多，这层应全由男子去担任。另外一项则为艺术品，则全由女子用艺术的方法细心地一点一点去用功，她当然不求其多而求其精。这二项的物品分配法，待在下章去讨论。

总之，公家如此去经营，则凡私家的工厂也当照此去办理。凡需要品若告十分充足后，就不准继续制造，应专从艺术方面上用功夫。务使社会日积月累得了无穷的艺术品。则将来人们所穿者皆是极精致美术的衣服。屋内所用的皆是极美丽的器具与地毡。金银币当然是废止的，凡厨房器皿，饮食箸匙与一切装饰品，皆是五金用了极美丽的方法所制成。建筑一项更是美之又美了。木雕铁刻，处处皆有美术性，而有价值的图画与雕刻更是汗牛充栋，家家皆有了欣赏的乐趣。于社会上的通用，既无金银，仅有许多种的"美值票"，全由那些名家的画图所缩影，不过其上加印"美值若干"数字而已。其使用法当详于后。

但有一事应当注意者，公家虽有许多工厂，但私家工厂也听其存在，不过其资本及其制造的物品与件数须受公家的限制，总使它们不会妨害社会的安宁与搅乱金融的现象，并使它们时时依了公家工厂的最好方法去实行就好了。如此，公家既得了工作的利益，同时又能使私家的工厂得到好指导，这不但不是与民争利而且为民生利了。由上说来单靠农工二项的利益已够政府的费用，而于此外尚有商业可由公家去经营而得到利，故现论及：

（3）商业一门，怎样由公家管理的方法了。凡一切有关于普通民生者如自来水、电灯等应由公家去经营，这层似不用再去论及。但我们美的政府对于商业的问题别有一种见解，即要把它做成为一种艺术事业，不仅看做一种谋利的机关而已。怎样能使商业变成为艺术的事业。这层可分为二方面去进行：一为操纵金融的方法，二为做生意的方法。要操一国的金融，应把银行归公家专办，不能由自家经营，公家银行，与外国交易者则用"信用票"，即以本国的货物与外国的货物为交换的标准，自然不用着金银币的累赘。至与国内的交易则行使"美值票"。凡得票若干可到公家工厂换物品，或要购买外国物，则须到国家银行换取汇票。凡公家时时得以限制内外货物的交换。如今年本国棉花丰收，则不准外国运棉入口；又如本国粮麦歉收，则禁止输出食品。由此做去，则国内仅有美好物品的娱目，并无铜臭的熏心，于冥冥中直接使本国人民专从艺术的实业方面做工夫，间接也使外国人的通商，不是为金钱而来，乃为货物的交换与比赛，自然他们的货品也不能不从美的方面努力了。

说及做生意的艺术方法，我在上已主张应该由女子做商人的理由了。由公家在每地方上设立许多宏大美丽的商场而使女子为商人。优给伊们的薪水，重视伊们的地位。使伊们打扮得如天仙、如玉人，招待人如簧如箫的迷惑，殷勤时好似情人照顾的热诚。买客到此如入迷楼，险些不能逃出。这样商场当然如赛会场一样的排设。第一层有的是日常必用品，第二层为衣服，第三层为鞋帽，第四层为家具与排设品，第五层为杂物,第六层为剧场、茶室、露台的玩耍场等等。所有一切国内与国外的物品,形形色色皆齐全。你要看巴黎最新的女装吗?则请到这边来。你要得到维也纳的家具吗?则请到那边去。你不用到全地球去,你仅到这样的商场一来,则世界上所有的衣食住、玩耍等等皆应有尽有极便当地待你取用,这样商场当然不止能操纵一地方上的商务而已,它的紧要处,则在使农工等业得它为比较的赛会场,以便去短采长。而一切普通人由此时时得到新鲜美丽的眼福与物品。

由上做去,我们美的政府不用收税而专从农工商三面去生利,则财用自然极充足了。它由此并有二个极大的希望,就是一边使私家的农工商得到好好的指导,而一边则使大地变成为美丽的农场,工厂皆成为艺术的工作,商场皆成为赛会场的大观。这就是我们美的实业观,也就是我们美的理财法。

八、交通与游历部

于上所说从实业的经营可以得到公家无穷的利源外,交通一项更可得到极大的收入。如铁路,如邮政、邮船,如飞机,如电报与电话,在在皆由公家专利去管理,就不怕无充足的政费了。可是,我们的交通部不但为交通,不但为利益,而其最大的目的乃为游历。所有铁路、船邮、飞机、电报与电话等特别注重于游历的便利。凡穷乡僻壤,绝岛荒区,苟有名胜所在,或特别有趣的地方,则有种种交通的便利以便游客的光顾。我们不止要经营津浦路,我们并要于靠近泰山开一支路并从山下用升降机达于山顶,使人得以登上泰山最高峰,欣赏一轮红日从东海涌现。那时万道金光四穿八射,周围山丘,各个返照,千态万状,斗媚争妍。我们不但要西通藏,北达蒙,我们尚要在喜马拉雅组织飞机队,腾云凌空以穷世界最高的胜景;又要在蒙古沙漠组织骆驼与汽车队,旷野万里凭眺那大地不毛的伟迹。我们不但要有黄河长江的邮船,并且要上达巫峡三巴以至昆仑发源之地,与夫青海扬流之区,皆有扁舟可备探奇寻幽之用。我们不但在通都大邑有通消息的机关,并且要在喜马拉雅峰上安置无线电报以为环球最大最灵的电台,并于戈壁沙漠之中装置无线电话以与内地通讯。最要紧的,我们把全国划做几个游历区,如中区与东西南北之类。中区以长安为总汇,东区则定上海,北区则定奉天,南区则定贵阳,西区则定安西。各有游历的干线与支线,而以铁路、轮船及飞机组织之。铁道不能到的,则用汽车与自行车或马轿等代之。轮船不能到的,则以航船与铁索代之。飞机不能到的,则以绳索及拐杖代之。这些游历区的铁路、轮船及飞机等自然与专为实业的交通计划不同。它一方面利用实业的交通系统,而一方面另有它独立的经营。它不是专为利益,而专以美趣为宗旨。故它的组织,有时极要丢本。它或者有时费了几千元的煤油,仅得了数十元的赔补。但这个不能使我们游历局灰心的。它一面从实业交通的系统上得了无穷的资助,另一方面它从"游历的外利"取偿。什么叫做"游历的外利"呢?就是在各名胜的地方建筑一些美丽的旅店与玩耍场,以为游客的安乐窝与销金窟。故游历区最要的组织,在使这些游历区的地方有极美丽的建筑场与极著名的博物馆、文化馆、美术院、医院等,而于各游历地的原有名胜者则极力扩充发展,无名胜者则努力创造。此外,于卫生及玩耍的场所也当多设备。例如此地有温泉的,则应竭力经营,使旅客可以洗浴与吸饮,并为人说明这种温泉可以医治肠病、皮肤病及生殖器病。又如彼处有茂盛的松柏,则于其中注意于极美丽的经营,可以为肺病及弱衰者的休养所。海边,细沙如毡,风云交变,波涛连天,极宜于壮年的骋怀驰目。高山深林,静穆无声,嫩草铺地,好鸟娇鸣,大可以为老年人的静养与酣眠。总之,务使各地皆变成为名胜,人民皆成为寻胜中人。一丘一壑,一石一流,收拾得饶有雅趣。此去入山数十里有一瀑布,则狭径有牌为标记。这边到某处有名姬埋香之地，则叙述其艳史以引诱人去凭吊。各处各地皆为游客必要经营与流览，故每小路旁当种树，每乡区有花园，每村路皆修理得干干净净，每个人民皆打扮得齐整娇媚以表示今日今晚就有贵客来临一样欢迎的热诚。这村的女子是二三尺长的发针四方交叉如架楹柱；那乡的女子则头上梳了一幅风航，两袖阔如航翼。左路的男子是麻布短裤，日光照射时则阳具毕现；右边的儿童则鼻涕流下一二寸长，吸出吸入作抽泣声，煞是好看。各处各保存其风景与名胜。各地人民各保存其服装与习俗。但求各处的环境与各方人民皆以美趣与洁净为依归就好了。美是多方面的，若各方面皆得了美的一体，则合起来就成为美的大观了。如此环境皆变成美化了，名胜化了，人民也皆变成为趣味化了，和好客化了。外边的人就皆变成为寻胜家化了，游历家化了，游历局由是自然能行它的游历政策了。它的政策有二方面：一专用许多智慧勇敢、情貌并佳的女子为游历指导人。有些为黄河、扬子江与珠江等游历线的专家，有些为昆仑山脉、天山山脉、阴山山脉等的专家，有些则为洞庭湖、西湖等的专家。这些人各对于其所管的游历线，皆有若干年的经验与极锐利的观察。伊们知道某处有什么矿，什么树，什么草与什么花鸟。伊们熟识某处的风俗，某处的方言。伊们是游历家也是地理家与风俗家。至于游历局的第二政策更关重要，它一面使本国人皆成为嗜好的游历人，而一面又使全地球之人皆视我国为乐土。今先说怎样使全国人皆嗜好游历，这层应分为三项的组织：

（1）普通游历队——凡全国成年的男女皆应每年有一个"游历期"的权利与义务。各人须领一张"游历票"限定若干的路线与日期，除有特别事故外，不准不履行。

（2）学术游历队——这层的组织更关重要。自中学生以上应于每地方上每年组织一个或若干个的学生游历队。或限定游遍一条水源，或预期历尽一个山脉，或从某地到某地，某省到某省。今以北京的学生游历队说，或则出古北口至赤峰，或则由张家口到布鲁台，或则穿过山西的境界，或则从八达岭的长城东到榆关西达丰镇，或则先到大沽口然后由海岸北至葫芦岛，或南行到烟台。自然这些游历，皆用步走，只雇用些行李车、饮食车及医药车而已。每队当然有数千百学生，有的手弹提琴，背携衣包，有的随景绘画逢地唱歌，有的考察地质的变迁与实业的情状，有的研究气候的相差与民情的不同。人数既多，各处临时的供给不易，故干粮不能不多预备，到处仅寻些水料就够了。无论水边与山坡，平原或高地，一到睡时大家就撑幕或露天酣眠起来了。雨来各披上雨衣，风来则戴上风镜。文武全备，旱湿无碍，如此一群大无畏的游历家勇往直前。男的女的，成排成阵，笑嘻嘻，一路口讲手划，情感固然融洽了，而身体壮健，精神怡畅，种种的利益也相随而得到了。故凡中学以上的学生皆要于一定假期内，每年须参加这样的长旅行，然后始许毕业。这样旅行自然比书本所得的知识有万倍大而且真切。

至于一些专门学者和艺术家更当与他们种种游历的便利,使他们周知环境与民情及种种相关的学术。譬如日本三岛,落日西照,别有无限的景致,不但其云色特具粉红娇姿,就那水光与树影说,也另有一种说不出的情状,举凡要成大画家、诗人、文学者势不能不一观。又如钱塘江秋天大潮,吼奔之状与飞云相竞走,赏心悦目,断不是那班卧游者所能领略。就那蒙古沙漠一片白茫茫的雪地论,此情此景,也必要身履其境者才体认得真切。书本是死物,试验室是陋屋!你们学者与艺术家,为何不把万物看做读物呢?又为何不把大地看做试验场呢?我今与你们说游历的利益吧,如你是富者,我就请你到五大洲去,热烈烈的有非洲的黑脸,白冷冷的有西伯利亚的胡须,那是南欧的热情者,那又是北美的红野蛮。你要知图腾制度吗?澳洲尚有许多好材料。你要知妇女运动的话剧吗?请你一问现在尚存的英国许多女人。学画与雕刻者请到罗马。研究文学者请往巴黎。如要dollars则请入籍为美国人民。如要学某人的鄙视妇女，请到德国参拜康德与叔本华之墓随便就翻译他们几句书。如你无钱到外国，能在本国旅行吗？则五岳五湖也不可不一涉猎。最无钱的如在北京住，也当到城外一行。你要跳河吗？则朝阳门外的肮脏水沟尚有些水鬼相待。能到陶然亭吟几句泰戈尔式的白话诗已算有诗人的天才了。请君西出西直门一游颐和园。其中有满后慈禧的艳迹已够使你学成风流客了。再西行到玉泉山被满帝封为天下第一泉者，若饮其水，大概勿多饮，尚不至于泻腹。又西行，行到卧佛寺，你可看出美国教会的势力，一间僧房一季要租数十元。转一程儿到碧云寺，魏阉的余韵又有存者。到香山更是新式的教育模样了。由此到八大处不必说更处处遇到乞丐与阔人。你若肯做此种游历，你就可得到了许多社会的见识。此外天然美趣，如山水园林之乐更不必说了。游吧游吧！大游大益，小游小益。虽则在今日盗贼遍地，臭虫满店的世界，但如你肯出游，则被贼拿去的，将来尚可希望成为要人，比你困守愁城永无长进的固然不可同日而语，即比那被五斤煤油与二十斤柴便烧杀了的也胜得万万倍哪！就被那些臭虫吃饱说，也比那些真正的佛弟子白白饿死较慈善咧。游吧游吧，治世之游乐不可言，乱世之游也大有滋味。游吧游吧，故我于上所说的学术游历法外，尚当再说第三种的。

（3）情感游历队的组织了。科学的游历法，如美国到蒙古的考古队等的举动虽则重要而未免嫌些寂寞。我今所要谈又最为我所喜欢谈者则为情感游历队的组织。第一，凡在大城市者则限定在初春早秋若干日内要婚娶者须即举行，就让这班新婚夫妇，成群游历。第一，则请那班情男情女，双双对对，携手并肩，到那山明水秀的地方听比翼鸟的唱和，观连理枝的开花。及到那山穷水尽的时节则彼此对哭，哭后又笑，笑后再哭，如此哭哭笑笑，高兴时就合抱起来向那深谷大海一掷而与大地相合一，这是悲剧的游历者，但也未可厚非。第三，则为哲士高人，以欣赏为独一的目的，以达观为一生不二的宗旨。例如希腊许多名人大多采取这样的游历态度。老子骑驴过关以及后来许多清游之徒，大概具有同样的心思。这些喜剧的游历，为情感游历法中的最好者，我们当应大大去提倡。凡在政界或学界工界商界等任事若干久者，就应使他们作一次稍为长久的这样情感游历法，务使他们吸些好空气，得些好精神，以医治他们平时脑满肠肥的毛病。

现在于国内的人民游历法说完之后，应该说及如何能使全球之人皆视我国为乐土的方法了。在这样野蛮的国土，外人所希望我人者仅为金钱。他们来我国专门为利，得利后，就满载而归。不但对我人毫无情感，而因为利之故，自然不免对待我人如牛马。我们今后的政策，就在使外人来到我国处处得到美趣的快乐，但不能得到金钱。好似瑞士国一样的方法，我们虽供给你们一个广大的"公园国",但你们当带钱来费用。由此说来,我们不可不先把我国整顿成为一个全世界的公园了。使外人要看第一长而且工大的城基,非来看我们的长城不可。使外人要看第一最高峰与最长的运河,和最古的坟墓与最稀奇的古董非来我国不可。使外人患病者要医好与休养的佳地,非到我国不可。使外人要得到最完美的博物院、美术院、文化院等,非到我国不可。我们有的是那些世界无比的名胜,使人到其中如到天国一样的平和与快乐。我们有的是人类无敌的情人,男情人,女情人,性情温柔,美而且慧,爱情深长,识趣知味,使外人男的女的到来,享受人间未有的情爱,领略天上才有的艳福。他们来的不是为商为金钱,他们来的乃为快乐与为情人,我们就此也把门户大开放特开放。不论谁族人,不管他红的白的,棕的赤的,只要他们或伊们即男们和女们具有情感的,凡有来与我们讲情爱,看我国为乐土,为地上天国,看我人为情男或为情女的情怀的,我们就大开胸襟,大放双手,全与收纳，抱入心坎，一律欢迎，特与优待，一概平等。我们希望由此容纳全世界的民族混合为一民族。我们就把本国变成为全地球民族的公共地方，变成为万国人的住宅，的公园，的名胜。我们不但不妒忌，我们且大欢喜，欢喜我们的理想果然达到，果然我们的国土变成人间的乐园。果然人类皆成为有情的动物，果然各民族变成为我们的姻娅。果然社会变成为情人的社会，人类心理变成为情人的心理，人类行为变成为情人的行为。

九、结论——情人政治

以上八部的政治，可以说专为使人类变成为情人而着想的。因为各部所设施的，都是从爱与美二方面同时并进。因为各部虽各有自己的政策，但彼此有相同的目标则以美趣为依归而以达到情爱为究竟。爱与美的造成，即情人的造成了。爱与美的成功，即情人制的成功了。

由这八部合成为"美的政府"。此中人物乃由

"爱美院"所选出。"爱美院"定为千人，由历届在各县各城各省被选为第二章所说的后、妃、王、卿相及名家者举出充数。美的政府对爱美院负责，凡一切关于爱与美的问题，一经爱美院议决，政府惟有执行不能驳复，如奉行不力或举措违背爱与美的精神者，一经爱美院通过弹劾，政府全体人员即当辞职，由爱美院另选他人代替。但爱美院的额数，女子当倍于男子，以符女子为社会的中心的要义。爱美院人员的选举法，另有细则公布之。"嗟尔男子，阳气已衰，权移女流，幸毋顽抗，自取罪累。其男子而具有女性者，知爱识美，自占优胜，又当别论。咨尔女子，努力进取，勉为情人，勉为美人，男德不振，女性代兴，进化潮流，违天不祥。"这上头几句似古似新的语句，乃由一种先觉的人类的心声所叫出，由著者在空中吸收来的，这当然不是一种天书，也并不是一种乌托邦的文告。

附：组织全国旅行团计划书

旅行种种好处，我们在"壮游团"启事数则中（参看十一月份北大日刊）及在《美的社会组织法》一段上（书即出版）大略已说及了。现在所讨论者着重在组织的大纲与实行的方法。

先就组织说，应以学校为主干，于北京或上海的学校中择一处为全国旅行团的总机关。各处所设立的为分机关。分机关对于总机关不是附属的，乃是友谊的，并行的，与同僚的结合。所以需要一个总机关的缘故，不过为一种有系统的组织与为各处分机关聚集材料与传达各项旅行的消息而已。总机关内应出些旅行的出版物，分机关不能单独出版者就在总机关的出版物上宣布。各机关的宗旨相同，即在提高美趣与强健身体及联络情感和增长智识为目的。每机关设团长一人，事务员若干人，团长每次旅行时必到，并供给团员各种旅行的知识。团费以少收为贵，服装及旅行用物能划一更好，以便于旅行者为佳。这是组织的大纲，今应于下论及实行的方法了。

（1）各旅行团每月至少作一次近郊的短途旅行。每年至少作一次长旅行，此项道途愈远愈好，随时摄影与作文为纪念，旅行费用，务求节俭，能步行及野餐更好。

（2）应将名胜与古迹竭力保存，并应修理旅行所应到的道路及种树木与建置各种美趣品。又应时时创造新鲜的名胜与纪念物，务使各地变成为制度文物的中心，引起旅行客的注意。

（3）诚意地介绍本国人与外国人到本地游历，并提倡本地人到本国各处与外国游历。如此，既可以使本国人彼此情感融洽，并可以使外人了解我们真正的民情，与使本地人知外国人与本国各地方人的实状。同时于本地指定优待的客栈，或就旅行团的机关内为招待所，使外人到时有宾至如归之乐。

（4）于每次旅行时应向人民说及旅行对于地方的经济及情感上有种种的利益，使他们对待旅客应该有礼貌与诚恳的态度,及教导人民知道美趣及卫生的知识。

(5)应把旅行看做一种科学与艺术的事情,故每次出游时,当同时考究风俗民情,山川形状,气候变迁,搜集禽兽昆虫,并以赏鉴各种自然及人为的美术为目的。

总上所说,我们要组织一个全国旅行团总机关的用意有三:第一,有系统的组织,使全国人民尤其是学界确实看旅行为一件极紧要的事情。于暑寒假时,全国有数十万或数百万人在各处做一个相同的工作与有同一的目的。各个成群整队,登山涉水,抵日御风,养成铜筋铁骨的身格及周知各处社会的民情。如此也就免使许多青年在假日乱用光阴于打牌、逛妓及种种无聊的家庭生活了。第二,使教育界知道旅行是一种教育最好的方法,在昔亚里士多德曾以此实行他的最美善的教育,故凡学校对于学生的旅行应该竭力提倡与帮助旅行的费用,使学生喜欢旅行,并望于极省费的旅行中得到极大的利益，就以此规定旅行为必修科也不是过分的。第三，使我国由此变成为"有路国"，社会上由此养成好客及善于招待的风俗，使本国的游历者到处受了如兄如弟的欢迎，使外国人来我国游历者，随时领略到友爱的情谊，这个于国际的宣传上也有万分的重要，所以我们想组织一个全国旅行团即在以众力达到上头所说的目的。各处青年们起来响应我们吧！如某地有三人以上的同意，就可以成立旅行团的分机关，顺便就给我们"北京大学第一院壮游团"一个消息，以便将来征求各方大多数人的同意决定在何处设立全国旅行团总机关。凡已成立的旅行团并望于各方面提倡多多设立这样的机关，愈多愈好，以便人多，对于保存名胜及整理道路与旅行的兴趣诸方面上较易达到目的。我们也拟于明年征求团友到全国各处分途运动，使这样的旅行机关多多得到成立的希望。

第四章　极端公道与极端自由的组织法

　　一个美的社会须从二个极端的方面做起：一个是从社会全体说，当采用极端的公道，举凡法律、需要、政权与情感，都使人人受了平等的保护与分配。一个是就个人方面说，则任其极端的自由，凡契约的订定、生产的方法、办事的能力与理智的运用，皆当听各人的才能与意志安排。

　　公道与自由不是相反而是相成的。凡一地方上的公道愈大则个人的自由也愈大。故凡一地方上能极端的从公道去组织，则个人的自由也愈能得到极端的自由。

野蛮的社会百无组织，一切公共的保障全无，故个人的自由也几等于零，不必说弱者固受强者的侵剥，致其生命财产朝不保夕，意志情感不能发挥。即就强有力者的酋长头目说，其地位也仅能全靠一时的势力去维持与靠命运的侥幸。势力既可以变迁，而命运当然不能长靠得住，故今日可以揭竿而起取人天下的，明日则就有他人取而代之的危险。总之，要得个人的自由，不能全靠个人的自由行动，须从社会的公道组织起。

可是，社会组织的方法有种种，有时，愈有组织的社会，愈使个人不能得到真正的自由，这个毛病是它的组织不善，外面上似有公道的现象，底里乃是一种假公道的实状，个人的自由当然免不了为这样社会所牺牲。例如：在古时的各种宗教团体的组织，在近代的为法治国家的组织，在今日的为民主国与苏俄共产的组织，其实皆不是真正的好组织，故自古及今真正公道的社会尚未发现，无怪个人的真正自由也终不可得了。故现在我们所求的不但社会要有组织，并且要求得到一个美善的社会组织。它的组织怎样才是美善呢？就是一面使社会上有了真正的公道，别一方面又求个人有真正的自由。我今先说第一项的这样组织法，这是在达到：

一、共法与互约

因为在今日"法治国"之下，表面上似是在法律之前人人平等，似是人人受了法律的保障，似乎强者不能欺负弱者，富人不能压制平民，在位者不能滥用其威权，在野者不受非法的侵害。其实，许多法律皆是欺骗人的器具，毫无一点的用处。

第一，就法律的使用上说，强有力者当然不肯受法律的制裁，故法律仅为一班弱者的枷锁而已。

第二，就法律的本身说，法治国的法律必极多，正因律例愈多，个人受法律的束缚也愈甚。在这样的国家，法律变成桎梏，人民变成机械，所谓一切思想与行为的自由也完全被法律所夺去了。故我们虽不是如无政府党的主张取消一切法律，但最少须把法律的本身与使用二层上大大改良。就其本身说，凡法律条文当从概括上入手，不必枝枝节节去着意。法律如玄学的本质一样，凡非紧要的，多一件不如少一件好。

我意谓最好的法律当为一种"礼节化"的，它仅处于指导的地位而无压抑的强迫。譬如以"婚事"说，好的法律约略如下方的规定："凡由男女两方情意相投而结合者就享有夫妻的权利与义务。至于怎样结合的条件全由两方同意去规定"。换句话说，今后法律仅是一种社会的指南针，专在指示人民最好的方向。至于社会实在裁制的效力，则全在各人由自己的意志所立的契约上。这样社会一方面有了公共遵守的大法若干条，而条文意义并无强迫的性质，故人人皆愿奉行，不至如昔日强者对于法律得以利用，而弱者则乐于逃避了。而别一面，则让全权于各人所立的契约，举凡两造同意所立的契约，经过一定的手续后而又不背于大法的范围者，就许得以完全发生其效力，如一方不肯履行，则就其契约所定的，应受了相当的惩罚。这样办法，公共的律条极少，故执行者不能舞文弄法，而人民也不至于受法律的束缚，得以由个人自由去立契约，这是对于法律执行一方面上的便利了。法律本身的改良与契约使用的利便同时并进，由此使人民一边皆得了法律的保护，而一边又得了随意立约的自由，这就是在公共法律之下人人得了公道的实利，同时便使个人有充分自由去运用他的责任心了。例如法律大纲上规定男女以情爱结合者即是夫妻，则凡以情爱结合者，不管他是久的，暂的，公开的，秘密的，一夫一妻的，多夫多妻的，但凡在他们互相承认为结合的期内，则就承认其为夫妻。这样一来，于情爱上，何等公道，又何等自由。它是公道的，因为凡以情爱相结合者，不管一方面的势力地位与外界的纠葛如何，对于所缔结的契约，就有履行的义务，而其对手下就有"法律"的保障，与求得相当的权利。它又是自由的，仅要两面的同意，则各种的契约可以成立，如彼此愿于二年内为试验结婚期也可，愿不为夫妻而永为情人也可，愿结婚后如一方犯了某种条件就须离婚也可，以及其他种种的规定均无不可。

推而凡一切的法律皆当照此大纲去编定，如此，各种的法律，皆以实现社会的公道为目的，而各人所立的契约，则以发展个人的自由为依归。举凡先前法律的弊病可以免除，而契约的利益可以得到了。必要这样承认各种契约为个人自立的法律，然后才能活用法律的妙谛。又必要使公家所立的法律变为一种礼节化的，无硬性强迫的，然后才能得到法律的真义。这是我们今后努力改良法律的意见，以期达到我们第一步所希望的公道与自由的两利。

现当说及第二步的公道与自由怎样始能得到的方法了。

二、共需与各产

这是经济的问题,当然为社会的一个大关键。①

三、共权与分能

狭义说,这为政治问题,广义说这是社会问题。先就政治说,我极佩服孙中山先生权与能的分别。他在《民权主义》第五和第六讲上,主张权与能分别的重要。依他的意,选举权、罢免权、创制权、复决权,这四权的作用应全归人民。所谓行政、立法、司法、考试及监察五权,乃是能的作用则应归诸政府。他说:"用人民的四个政权来管理政府的五个治权,那才算是一个完全的民权政治机

---

① 这是张竞生在20世纪初期介绍社会主义流派时对马列主义的认识。新中国成立以后,张竞生的认识有了根本性的转变。他认识到马列主义作为中国共产党和中国人民指导思想和理论基础的必要性和正确性。为避免不必要的误会,故此处删去四段文字。

关,有了这样的政治机关,人民和政府的力量才可以彼此平衡。"这个区别确实重要。以政治说,"权"归人民,政府不能专制,"能"属政府,人民不可掣肘。如此,政府于受人民付托之后,在一定范围之内能够发挥其所长。其实,社会的一切组织如会社,如公司,如学校等等皆当作如是观,然后一方面才能得到权势的平均,而一方面又能得到各人能力的发展。这个理由,是"权"为公共的,是整个不能分析的,能是专属的,是分析不是整个的。权是公共的,故人人皆有相等的权力,所谓人权由于天赋,人人是主人翁,谁不能欺负谁,侵害谁。可是能乃专属的,故因智愚贤不肖的不齐,则某人仅宜做某事,不是某事去勉强某人。人人同有相等的权力,故人人平等。人人各个的才能不齐,故所任的事业各别。前的平等,才是公道。后的不齐,才是自由。前的公道,始能使一班有才能者不敢滥用威权以欺负无能者。后的自由,始能使一班有能者得于职分之内尽量发展其所长。有前的公

美的社会组织法　459

道，然后有后的自由。能的自由，正使权的公道格外坚固，因为各人各尽所能，能，即是他们的权力了，已够使他们满足了，当然不必去滥用威权以取胜。能即是各人的权，凡各人能用他的能者，即得了他的权。由此看来，权与能虽一为公而一为私，一讲平等，一讲阶级，但彼此互相调制并不枘凿。由此更使我们坚信公道与自由是并进不是矛盾的了。

以上所说的三端，一从法律，一从经济，一从政治，皆使我们觉得求社会公共上的极端公道，即是求得个人极端的自由。但尚有第四项一层的公道与自由的妙用比上三端更重要，这是我们在下所说的。

四、共情与专智

这个问题确实比上三端更重要。可以说，有共情，然后有共法、共需与共权的可能。也可以说，共情乃是共法、共需和共权的母。情不能共，则法与需和权，统统不能共。这个有凭据可以证明：若干年来法治国的不能使法为公，与古今社会上的不能共需与共权，就是由于无公共情感为根基的缘故。故今后要使法律经济与政治皆得有真正公道的组织，须从情感的公道组织起。

怎样能使情感公道呢？这不是如宗教家的请出天神来就能解决的，也不是哲学家、人道家，讲些慈善话就能做得到的。情感的发生，由于爱与美，故凡能把爱与美从公道上去分配，则就能得到公共的情感了。今先说怎样把爱从公道上去分配的方法，我以为当从博爱上入手。博爱的养成，应从消极做起，这是使社会的法律与需要及权力皆有公道平均的分配，使人人免至因法律、经济与政治的不平互相仇视。但它的紧要处，当然在积极一方面，即"情人制"的实施。自来宗教也曾竭力提倡博爱，但他们的博爱，乃是一种枯燥不情的玄名，故宗教的博爱终至于有名无实。可是，如能从情人制去着力，则社会自然而然能够彼此互相亲爱了。由这个情人制的推广，必能使家人的相待，朋友的相交，不相识的相视，皆有一种情人状态的表现。我预拟一个情人式的社会，父母子女，兄弟姐妹，亲戚朋友，以至路人，皆有一种亲爱的团结，彼此皆如好朋友一样的热诚相对待。这个是什么缘故？乃因男女，或叫做夫妻的既以情人而结合，则其所生的子女，朝夕所观感者为其最情爱的父母的举动，他们也就不知不觉中变成为情爱的人了。由这样有情爱的子女组织为社会，自然社会上的人：或互相认识的朋友，或不相识的路人，也皆有情爱的表示了。反之，如以我国说，由无情爱的男女所结合的家庭，则其子女也冷淡凶横，而由这班人所组织的社会，无怪就成了一个无情无义的群众了。故要使社会得到真正的博爱，当应从情人制做起，因为情人制的社会，人人的情感皆用得出与收得入，这是情感分配上最公道的。

但别一面，要使人人得到情感公道的分配与享用，则当从美入手。美也有消极积极二方面，从消极上说则当使一切丑的不存在，始免使人讨厌。从积极上说，则凡生活及艺术与精神上皆当求得种种美的表现，这个最好也当从情人制着手始能得到。唯美派及艺术家的美皆是狭义的，因为他们不知美的根源在于情人制的发挥。他们不能知一个社会如实行情人制，自然而然地能使生活艺术化了，艺术上更加色彩了，精神上更加美丽了。由情人制而得到广义的美，而使人人皆得了美的欣赏与受用，而愈因共同欣赏与受用，而愈使美上加美。譬如从前的美妇人关在门内，涂粉抹脂，仅为伊丈夫一人的玩弄，有时连丈夫因玩弄惯了也并不觉得伊的美丽。究竟，这个美妇人的美完全等于无用。今若使伊变为社会的情人，则其美的价值就完全不同了。试使伊坐车游遍一城，则满城的人通通领略到艳福了，至于一班想象亲其芳泽，拜倒裙边，则其艳福更愈大了。美不是占有的，一被占有，则其价值完全消灭。所以美是最适宜于普遍的欣赏。由此可以明白我们上所说的公共情感，于博爱外，更需要于

"兼美"了。博爱与兼美皆由于情人制的发展，而合成了为情感。故要求共同的情感，须从情人制上用功夫。不必再说，我们在此书上所要求的，就在怎样求得一个情人制的社会，以达到社会的人彼此皆得到一个公共的情感，若能如此，就不怕不能得到公共的法律，与公共的需用和政权了。

可是，情感固然贵于公共，而理智上则贵在各人自由的创造。所以自来有识之人皆主张思想与言论应任各人的自由，因为不如是，则人类变成为奴隶，社会的文化也就不能长进了。

我以为情感必要公共的，然后各人的情感才能扩张为无穷大。理智需要私有的，然后各人的理智才能达到于无穷深。情感贵在横的四方八达。理智贵在纵的上天入地。我又发现人类心理确实喜欢这二个极端性的：它欢喜情感与人愈共通愈好，它又喜欢理智与人愈差异愈妙。我更觉得社会确要有这二个极端性的冲突与调和然后才有兴趣与进化。

同一社会的人，如同具有一个公共的情感，自然是痛痒相关，休戚与共，自然是同哭同笑，同恨同爱。自然，这样笑得何等痛快，哭得何等精彩，恨则恨得有力量，也如爱则爱得透彻了。这样社会公共上好似有一个"大同情心"，各人均分了这个心的跳搏，这样的大同情心自然与各人的心共鸣共和，这是何等的兴趣与生动呢。但社会别有一方面与此极端不相同的表现，即是就理智说，则要人人的思想不相同，使思想上得了五光十彩鬼怪离奇的大观。人人立异，日日创新，无一抄袭，无一重复，这样社会当然极呈其文化的长进了。

凡情感相暌违的社会，其人民的思想则互相雷同，平淡无奇，如自战国以后，我国的情感极其惨淡与理智则极其枯燥的一样。至于欧洲现在的社会适与我们相反。他们的情感则趋于共通，而理智则趋于别异，故其结果，同在一个社会的情感极其融洽，而思想也日新而月异。

由上二证，可以见出能使情感相交通者，同时就能使其人民的思想呈出瑰奇的光彩。就别一面说，任凭各人思想的自由，则彼此不相压迫，自然免至于互相仇视，这是一种助长公共情感的方法。此外由思想的切磋，自然能使人互相了解，这也是助长社会的情感的别一种好方法。总之，使个人思想与言论自由，同时就能使社会生出了许多好情感。反之，由情感的共通去努力，即能得到各人思想的自由。这些都是可以证出公道与自由是互相帮助的，不是互相反抗了。

在本章上所要说的，乃在陈明由公道与自由的互相协调，而能生出一个美的社会，与证明凡愈能使公道得到极端的组织，愈能使个人得到极端的自由，同时愈能得到社会极端的美象。这样社会是美的，极端美的，因为法律至此变成为礼节化的温和，经济变成互助，惟有能力才是权威，而情感能够充分的发展与共通。

总上说来，凡一个社会上，如仅从法律一方面，或经济一方面，或政权一方面去求公道，这样公道是不极端的，必要法律、经济、政权与情感统统从公道组织起，这样社会才能得到极端的公道。别一面说，一个社会仅任个人自由订立契约，或自由生产，或自由发展其才能，这尚未能算得个人就此得到极端的自由，必至于立约、生产与用能三种自由之外，尚能得到理智充分发展的自由，然后才能说为个人得了极端的自由。照此看去，今日各先进国于公道与自由二面的组织有些是假饰的，有些不过得了几分之几而已，故凡要求极端的公道与极端的自由者对此当然表示不足，势不能不向我们的组织法一方面去进行了。

结　论

我们理想的社会，不必说，应当照上四章所说的去组织才能达到的。但要从现在的国家，一跳就到这样理想的社会，于事势上万万不可能，故最少应须有相当的预备。这个预备的手续，依照各国的情形彼此各不相同，若就我国说，应有下列的四项。今先从独立人一端说起。

一、独立人

这是说凡人不能先把自己组织好，断不能去组织社会。故我们要预备为社会的组织家，先当勉力为自己的组织人。这个应先把自己从生计与智识及技能各方面组织成为"独立人",即是使这些事不求人助,而能助人,为各人立身的标准。现就生计说,于消费方面当量入以为出:贫学生,宁可做颜回的一箪食,一瓢饮,断不可如今日有些在北京的学生,每年已得了家费三四百元,尚日日向人借钱的无聊。穷教授呢,当如战后的德国一样,每餐仅用一碗清汤,一个鸡蛋即足,断不可如今日北京教书的每月实得了一百余现金者尚时时向人说穷的没趣。在社会办事者,要当刻苦似印度的甘地,单床只桌,布衣一袭以自给,断不可如今日的政客与官僚,奴妾满群,汽车辉煌,全靠一张嘴的吹牛,不惜丢失人格为饭碗的牺牲。总之,各人于消费方面,当先求自己能独立为标准,除非万不得已遇缓急时,断不可求助于人以损失高尚的人格。必要这层做到后,才能说及生产一方面的组织。

生产的预备有二方面:(1)学问,(2)技能。就学问说,每人应有一个系统的课程表,无间隔地日日就表做去。就技能说，每人至少应学习一件谋生的艺术，或为工程师，或做商人，或务农，或教书，至于政治、法律，及社会的各种事业，仅当看做一种社会的事务，人人于谋生之余应该过问的，但不能看它做谋生的职业。要之，为学问也可，为技能也可，各人应有一个学习与使用的方法——或科学的，或哲学的，或艺术的，即就这些方法中至少认定一个做去，自然于一定的时期内可以得到一定的学问与技能，如此出而任事，自然不怕不能称职了。故为个人计，先把学问与生产的技能及消费的程度弄到独立的资格，各人有相当的学问与技能了，自然能得相当的生产，然后，就其生产的能力，提高消费的程度。人固不可做阔少，一味会消费而不能生产，但也不可为守财奴，徒事积蓄资本，到底，连一杯清水也不能得到饮的幸福。我以为个人最要的处世方法，刻刻努力于生产，同时把所得的余利尽量地用去，如此可以得到个人不息的工作与痛快的享用，社会方面也从此得到经济的流通与工作的兴旺了。

究竟，个人与社会是息息互相关系的，先把社会的个员养成有独立的人格，不怕社会不会好了。反之，也可以说，把社会整理得好，不怕个人不会变好了。所以我们于组织独立人格之后，应即继续说及怎样在过渡时期组织一些好的社会事业，今举其要的有三端，即合作社、教育权独立与情感的国际派。现照次序讨论于下。

二、合作社

这样会社，各先进国已多设立，它大概分为消费合作社、生产合作社及储藏合作社，而以今日我国的情状说，三者皆占重要，不过其进行手续上应从消费合作社做起。

这个理由是我国现在完全为一个消费国，我们消费者受了二层的侵剥，即一为工厂的资本家另一为市场的商人。资本家的大本营为工厂，但其先锋队为商店，商店之于工厂如伥之于虎引导它到市场遇人而噬的怪物一样。若消费者能组织各种消费合作社，由社直接向工厂订货，自然免受了商店的周折而物价当然较商场所卖的为便宜，间接就能减少资本家一部分的势力了。其他，由消费合作社可得种种利益，现略分说如下：

（1）可得真实与需要的货物——商人当然一味以利益为前提，故他们所卖的重在贱品可以得厚利，其次则不管顾客的需要品是什么，而欢喜卖奢侈物可以取重息。至于消费社既以社员的需要为目标，故所办的货，当然取其适用与上品，断不会如商场专以贱品卖贵价的欺骗人。

（2）可以提倡国货与抵制仇货——商人既惟利是视，故无论社会上抵制某国货的声浪如何高，他们苟有利可图，则不惜假商标偷卖，不观近年来抵制日货的结果吗？到底，各种日货依然充斥市场！若各地有消费社，当然以购买本国的价廉物美者为主，万不得已时，纵要买外货也当向友邦交易，断不肯与那些杀我人吮我血的仇人讨生活。由此说来，惟有消费合作社才能抵制仇货与提倡国货。

（3）可以实行各种社会主义。中土近来似乎各种社会主义都有人提倡过，但都无多大的成绩，这不是无人才，也不是无机会，其根本原因乃在无人能够将自己所信的社会主义应用出去。我意为各党各征求意见相同的党人组织消费合作社，于其中实行其社会主义，这样使党人的团结极易与团结后倍加坚固。以消费社为基础，其相结合的党人，因生活的利害关系，必能出死力拥护本党的利益，当然不会如今日之入党者泛泛看做一种签名式可比。故要一个主义执政权，应从消费社先建设一个稳定的经济与情感的基础，以便从此实地试验起而推广到政治与全社会。

（4）由消费社容易建立生产与储藏的合作社——我人皆知我国现在应多建设工厂，但此事谈何容易，第一，要有资本，第二，所出物品要卖得出。若各处有社员众多的消费社，则由社中人招集股本极易，而就社内所需要的物品去制造，自然不怕工厂的出品至于停积了。总之，由消费社而推广到生产机关，同时并为农民经营各种储藏合作社，使农民出品不会被奸商所垄断，暂时收藏起来以备善价出售，如此三个合作社互相帮助，逐渐就把资本家打倒了，同时各种社会主义就实行了。各人一面有合度的消费，一面又有相当的工作。工厂上，凡所产的皆以消费为目标，不会过多与过少。社会上，经济的基础坚固，政治上自然易于进轨道。凡此种种的利益，皆全靠于合作社的经营，它的关系真是重大呵，但它的组织则极容易。以消费社说，凡稍熟习消费合作社主义与办法者就能办成功。因为所聚合的皆为需要相同的人，人数必然极多，由此各人所出股本虽极微小就可成立。况且货物一来，既行销去，货不停积，本钱无须许多，而各人所出股本，即可取物以偿，不怕会丢本亏累，这些种种优胜都是消费合作社兴盛的原因。试一看外国得到这样会社的大利益，使我们在此不能不速来大大提倡了。虽则是，救济我国现在社会的方法固甚多端，但经济一道极占重要，我们在未能将经济全盘整理之前，上头所说的三种合作社——尤其是消费社，当然尤是极关重要之一了。此外，我们应当注意者则为下列的问题，即：

三、教育权独立

换句话说，即是使教育权与政权分离。这是一个在我国过渡时代改良社会的好方法。因为在此后若干年内，我国政权，必定继续操于军阀及一班滑头政客之手。各省军阀与政客各霸一方，所谓政治与教育断无进步的希望。但我国已有数千年来统一的历史，我们断不愿它变成为战国时分裂为几十邦的混乱，故于全国政权不能统一与发展之时，应当先从教育权统一与发展起。而由教育的统一与振兴以谋人民智识的发展，以便养成一班政治及社会的好人才。

要使教育权与政权分离独立，可由二方法去达到：（1）从教育行政系统的组织做起。各省教育厅当直接统属于中央的教育部，一切人选及事务不准省长干涉，并应同时有各省的教育基本金免受政界权力所动摇。但中央教育部的组织，应有特别的权力，其部员以负有教育的名望者为主，不能听任一班官僚所把持。（2）上头所说的如不能做到，则应由一班在教育界有权威者组织一个全国教育独立社，认定一个新文化运动的方针，操纵全国大部分出版界的权力，并请派人到各处讲演，由此联络各处的学界为一气以与当地的势力派相抵抗。以今日现状说，这个后的方法比前的较有效力。

为什么教育权应当与政权分离呢？第一，现在政界中人的混浊断不能为教育尽力，他们仅能摧残新教育，或办理一班腐败的学校为粉饰，如此听他做去，必至谬种遗传，社会将永无清明的一日了。第二，希望由教育的独立，得以养成一班好人才，以为将来代替那班腐朽的军阀与政客，则今日国政虽乱，终不至于如此终古。第三，教育为专门的学问，为神圣的事业，为国脉的基本，纵在将来政治清明的时候，教育权仍有与政权分离的必要，然后才免使神圣的教育为国家主义宣传的利器，如今日欧美日的流弊。其次，免使一班外行人操纵教育以贻害人民。末了，始有一班真正的教育人才专门为教育的事业。

由上说来，我们不怕我国现在政治的混乱与社会的黑暗，所怕的乃在全国无一个真正的教育统一机关。有一好的教育机关，自然能养成我们在上所说的独立人与合作社家了，这些人自然能缓缓地得政治权以实行各种美善的社会政策了。实则有一好教育的机关，我们由此不但能养成一班本国的人才，尚且希望它养成一班有情感的国际人才，这层为我们在下头所当讨论了。

四、情感的国际派

这个问题骤然看去，似乎不能适用于今日的我国。因为我们现在所最吃苦者是各国对我们的各种不平等条约。论理，我们现在独一最好的方法，只有以强暴的手段对待他们，但我一转想这样办法确实是大错特错了。我们生死的关头固然在能不能解除这些不平等的条约，可是解除之道，不必靠诸强力，仅要用温和的手段就能得到了。我所谓温和的手段，不是向强邻摇尾乞怜，乃在以情感的热诚与他们大多数的人民互相了解，就此运动他们听从我们合理的要求。我先前也曾想用武力解除强邻的束缚，今则转想大可不必。第一，我们实无相当的武力可以对付他们合起来的强邻。第二，假设有武力，也未免牺牲的代价太大了。第三，自华盛顿会议之后我们居然得了山东与今日的关税自主案，各关系国居然在北京关税会议上肯予承认，使我觉得，列强尚可讲理，不是一定要以武力相对待才能得到他们愿意修改不公道的条约。第四，而使我觉得最清楚者，我国历来内乱，列强的挑拨与暗助固有些少关系，但大部分的责任，仍然在自己的国民不争气，以致"空穴来风"，故我们不必过恨列强的凶横,应当先恨自己人民的授人以隙。为今之计,惟有把内政修理得好,自然缓缓可以得到外交的胜利了。至于现在的政治,如我们在上所说的,一时断不能好,我们现在仅有从"为国际而国际"的方面入手以期列强的人民谅解而已。这个我想最好应认定一个"情感的国际派"为方针,于每国京城设立这样的宣传机关,同时就这机关内常川驻有名人若干人向其国各处为情感的亲善的讲演,而使外国的名人也时常来我国讲演与宣传亲善为宗旨。这个向外国的宣传机关,应当由中央政府拨出一批极大的经费,与派定若干的名人董理其事。我们敢说,这样机关胜于百万的雄兵,胜于数十个公使馆的靡费。弱国固可以得到优胜的外交的,这个全在使列强人民对我国的国势民情有相当的谅解,这个非从情感的国际派宣传入手不可。这样的国际方法,表面看去似甚和平,底里,实在比苏俄宣传赤色主义更利害,因为情感的了解,其势力胜于经济的解决万万。

我们在上所说的四个过渡办法，确实是救治我国灭亡最好的方法与引导我国达到理想的社会不二的法门（并附解决眼前中国妇女问题一节于后）。如连这些过渡的办法尚做不到，则我国今后的局面又不知堕落到哪个地步了！有志的人们，速起来吧！你们当然不肯坐视我国长此堕落，必定能于过渡时代中，实行一些美善的组织法，以期将来引领我国达到我们那个理想的社会。